光阴如戏梦 叶落不成空

舍得中的智慧

主编 拾 月
编著 陈小梦

图书在版编目（C I P）数据

光阴如戏梦 叶落不成空：舍得中的智慧 / 陈小梦编著. -- 北京：现代出版社，2014.10（2024.4重印）
ISBN 978-7-5143-2780-9

Ⅰ. ①光… Ⅱ. ①陈… Ⅲ. ①人生哲学－青少年读物
Ⅳ. ①B821-49

中国版本图书馆 CIP 数据核字(2014)第 236742 号

光阴如戏梦 叶落不成空：舍得中的智慧

主　　编　拾　月
编　　著　陈小梦
责任编辑　王敬一
内文制作　诚美天下文化传播有限公司
出版发行　现代出版社
地　　址　北京市安定门外安华里 504 号
邮　　编　100011
电　　话　(010)64267325
传　　真　(010)64245264
邮　　箱　xiandai@cnpitc.com.cn
网　　址　www.1980xd.com
印　　刷　唐山富达印务有限公司
开　　本　700mmx1000mm　1/16
印　　张　9
版　　次　2014 年 8 月第 1 版　2024 年 4 月第 4 次印刷
书　　号　ISBN 978-7-5143-2780-9
定　　价　57.00 元

前言

青少年是社会的宝贵财富，是人类的希望和未来，正所谓“少年强则国强”。为此，大至一个国家、一个民族，小至一个家庭、一个家族，都特别重视青少年的教育问题。希望他们成为社会的中坚，家族的骄傲。一句话，就是希望他们成为成功的人。于国，能成为有用的人才；于家，能成为顶梁柱。不仅仅要学习好，还要有辨别人世间善、恶、美、丑的能力。在每个人的人生中，除了需要自身的因素之外，还需要拥有感受世界的能力。

包容、快乐，是旅途之中的包囊，时刻给予我们心灵的养分。

自责、抚慰，是对那些过往的积淀、筛选，去其糟粕，取其精华。

简约、坚持，是对人生最大的尊重，是对生命最好的诠释。

放弃、放下，是心灵深处的温度计，是心灵最惬意的悠然假期。

完美、舍得，是对生命、对梦想、对人生的终极追求。

青春，是人最美好的一段时光，也是人格、性格定型的重要阶段，在这个时期，我们需要享受青春的快乐，同时也需要完成自我塑造。通过心理自助，最终从一个小男生、小女生逐渐成长为一个有着健全人格的人，成长为一个对社会、对家庭、对自我有着相对完整认知的人，成长为能够为自己的未来做主的人。这才是一个最充实、最有价值的青春。每个梦想都值得我们认真对待，每个青少年都是未来的希望。在青春中我们不仅要有欢乐，同时也要拥有未来！

本丛书是你化解烦恼的“心灵鸡汤”，可以给你快乐的心理自助；本丛书会让你认识到：掌控心理，方能掌控世界；改变自己，才能改变一切。本丛书还将告诉你：只有实现积极的心理自助，才能收获快乐而充实的青春。

目录

第一篇 感悟舍得：细品赠人玫瑰后的余香

第二篇 宽容待人：让是非的棱角随云淡风轻

第三篇 淡然放下：在喧嚣中找到宁静的归属

目录

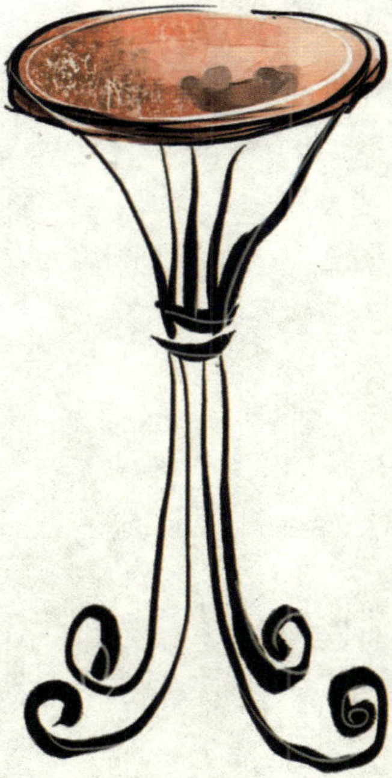

第四篇 找寻幸福：紧握住舍得带来的快乐

第五篇 潇洒人生：碌碌红尘中不必自寻烦恼

第一篇

感悟舍得：细品赠人玫瑰后的余香

俗话说：“舍得，舍得，有舍才有得。”简单的一句话，包含了人生中的处世智慧与道理。因为，真正豁达的人，是懂得超脱；真情的人，会懂得奉献；幸福的人懂得放下；智慧的人懂得得与失。

有舍才有得，小道理大智慧

故事话题

几个年轻小伙子，带着钓鱼的工具，来到了河边。河中的浮萍和绿藻，都透露着夏的气息，时而微风吹来，河面泛着涟漪。小伙子们兴致勃勃地坐在河边，在鱼钩上挂好鱼饵，做好准备工作，就开始钓鱼了。可是从朗朗晴日，直到日落西山，小伙子们竟然只钓上来区区 4 条鱼。他们十分懊恼，垂钓的兴致大减，有一个小伙子竟然破口大骂。

忽然，他们注意到在他们不远处有一位老者正在垂钓，“目似瞑，意暇甚”，从他们来一直到现在，老者都稳坐旁边，他们想去探个究竟。

于是，其中一个小伙子走了过去，轻轻地问道：“老人家，您一共钓了多少条鱼啊？

老人侧着身说："我也不清楚一共钓了多少条，只是坐在这里静静地等待，当有鱼咬钩的时候，我就把鱼放在小桶里面。闭目养神，尽情地享受垂钓的乐趣。"

小伙子向老人诉说了自己和同伴的遭遇，由于没有钓上几条鱼，一切的好心情都没有了。老人听后，微微一笑："垂钓，只是怡情养性而已。如果单纯为了鱼，不如直接去市场买几条罢了。"老人接着说："快乐不是强求来的，主要的是我们能够享受过程中的美丽。每一个过程，当你细细品味的时候，都是有快乐可寻的。别只瞄着结果，而忽略了中间美丽的过程。"

故事解析

其实，人生中，有得必有舍，这是放之四海而皆准的真理。所以，在生活中，我们要学会适当地舍与得，掌握舍得之间的平衡，该舍就舍，该得就得，毅然舍得，善于舍得，让我们的人生少一点坎坷，少一点失败，多一点成功，多一点辉煌。那么让我们用舍得引路，赢得完美人生。

故事中的年轻小伙子们，一心只想钓大鱼，更多的大鱼，却舍弃了钓鱼原本该有的心态，致使最终，非但鱼没有钓到多少，心情也是一团糟，得不偿失。

舍得舍得，有舍就有得；得失得失，有得就有失。人世间就是这么奇妙，不能总在一棵树上吊死，要放得下，才能走得远；有所放弃，才能有所追求。

故事穿越

一位聪明的年轻人，心气儿十足，总觉得自己在任何方面都比别人强，并且也在不断努力中。然而许多年过去了，他的学业却始终没有长进。他很苦恼，就去向一位大师求教。

大师告诉年轻人："我们去登山吧，到了山顶，你自然就会知道怎么做了。"

那山上有许多晶莹的小石头，这深深吸引着年轻人。大师告诉年轻人，如果你喜欢这些石头，可以装在你自己的袋子里带走。年轻人听了很高兴，于是照着大师的话去做。

可是很快，年轻小伙子就吃不消了，对大师说："我不能再背了，再背，别说到山顶了，就是半山腰我都上不去。"大师听后，微微一笑，问："那你该怎么办呢？"小伙子想了想，说："为了到达山顶，我必须放下这些石头。"大师点了点头，说："是的，这就是解除疑惑的答案！"

年轻人听后一愣，但忽然感觉心中一亮，他向大师道了谢，之后就走了。

在接下来的时间里，这位年轻人放弃了心中的杂念，不再想着超越别人。而是一心做自己的学问，他的进步非常快，最后终于实现了自己的理想，成为了一名大学问家。他也终于明白了，学，只是个过程，并不是要学出个什么结果来，而他之前之所以没成功就是因为被这个虚名、这个"结果"的包袱压得太累了。

故事微语

鸣蝉奋力地挣脱掉自己的外壳，才能获得展翅高飞和自由歌唱的机会；壁虎勇敢地挣断了尾巴，才在绝境中获得了重生的希望；算盘若填满自己所有的珠位，也就失去了自己存在的价值。现实亦是如此，有舍才有得。生活就是在舍和得之中做取舍，关键是什么该舍弃什么该拿起，不该舍弃的绝对不要舍，不该拿起的也绝对不要拿起，这就是做人的原则。无论你选择什么，你注定会失去一些东西，也注定会在失去的同时获得一些东西。

“不以物喜，不以己悲。”其实得到固然令人欣喜，失去却也没有什么值得悲伤的。得到的时候，渴望就不再是渴望了，于是得到了满足，却失去了期盼；失去的时候，拥有就不再是拥有了，于是失去了所有，却得到了怀念。得与失本身就是无法分离的：得中有失，失中又有得。

面对得失，我们一定要有清醒的头脑，不要把得看得太重，在每种得的后面，都可能潜藏着失，只有那些短视的人，才只顾眼前利益，看不见利益背后的隐患；而每种失的后面也有可能潜藏着得，只不过有的人因为目光短浅对此不作深入分析，只看到是一种失，便避之唯恐不及，从而与“失中之得”擦肩而过。

心灵箴言

天生我材必有用，千金散尽还复来。

——李白

我们最大的弱点在于放弃。成功的必然之路就是不断地重来一次。

——[美] 托马斯·爱迪生

在人生的大风大浪中，我们常常学船长的样子，在狂风暴雨之下把笨重的货物扔掉，以减轻船的重量。

——[法] 巴尔扎克

舍得努力才能收获成功

故事话题

一个小男孩家里很贫穷，于是，他就上街去乞讨，有人给小男孩 1 美元和 10 美元让他选择拿哪一个，小男孩只拿了 1 美元，不拿那 10 美元。起初人们以为小男孩心善，不好意思破费人家更多的钱。后来又有人故意这样让小男孩选择，小男孩还是只拿 1 美元，不拿 10 美元。

于是，这个只要 1 美元不要 10 美元、似乎有点傻的小男孩的名声就传出去了。越传就越有人拿钱来让小男孩选择，人们纷纷拿 1 美元和 10 美元放在小男孩面前，小男孩始终不拿 10 美元，只拿 1 美元。甚至有人反复拿出 1 美元和 10 美元放在小男孩面前，就为了取乐小男孩只选择 1 美元时候的那傻瓜相，有人一口气拿了 10 次 1 美元和 10 美元让小男孩选择，小男孩选择了 10 次 1 美元，取乐的人问小男孩：“你为什么分 10 次拿我的 1 美元，而不一次拿我的 10 美元呢？”小男孩故意不置可否，没有任何回答。取乐的人如果还给他选择 1 美元和 10 美元的话，小男孩还是只拿 1 美元，不拿 10 美元。

后来，家里人问小男孩：“你到底为什么只要人家 1 美元，而不要人家 10 美元呢？”小男孩说：“我要拿人家 10 美元的话，我就跟其他乞丐一样了，人家也就不会故意拿钱来给我选择了。”男孩虽小，心计可大，小男孩是把握住人们的“好奇心”，把乞丐做出“个性”，做出“品牌”来，故意吸引客户的。小男孩不是傻瓜而是绝顶的聪明，他为了一个长期而源源不断的 1 美元利益，而放弃了偶尔的短期的 10 美元收益。

这个小男孩后来成为了美国总统。懂得舍得，才可以取得人生的成功。

故事解析

哲人说，不为贫困潦倒而苦恼，也不因为富贵荣华而欣喜。五彩缤纷，面对灯红酒绿的诱惑，很多时候，人们总是太容易左顾右盼，往往会花很多时间去了解别人，见异思迁，却忽视了自身的价值，忘记原来了解自己才是最重要的。

也有的人用透支生命时光去换取财富，却忘了财富买不回生命。生活累，一小半源于生存，一大半源于攀比，对生活的状况及别人的行为要求越少，你就越容易快快乐乐地过好日子。

在这个大自然规律的世界里，生命的美丽不是因为美丽我们才活着，而是因为我们活着生命才变得美丽。所以，我们需要放下很多东西，更需要扛起很多东西。此时，舍得是一对孪生兄弟，关系却如鱼和熊掌，不可兼得。有舍才有得，有得必有舍。

故事穿越

俗话说得好，三个臭皮匠胜过一个诸葛亮，做人千万不能独断专行，要多听听众人的意见。尽管你可能比他们都聪明，都有能力，但是他们总有着你没有的地方，能提出你所没想过的想法。

学企业管理的小张大学毕业，想独立创业，开一家服装店。母亲知道他这个创业计划后，对他说："你叔叔以前做过好多年生意，现在不做了，经验还在，你不如去请他传授传授。"

小张心想，叔叔做生意都是几年前的事了，他那点儿老经验拿到网络时代来用，只怕过时得太久了，况且自己是学过管理的大学生，根本没必要向没什么学历的叔叔学什么东西。他决定按自己的思路做事。

小张租了一个临街的门面，这周围只有几家食品店和百货店。他想，在这儿开服装店，没有竞争对手，市场全是自己的，生意肯定错不了。没想到，开业后，他的生意十分冷清，别说买主，连进来瞧一瞧的人都很少。他以为这是刚开业，没知名度的缘故，做下去就好了。

谁知过了半年，生意仍没有多大起色。眼看苦熬下去没有什么意思，宣布倒闭又心有不甘。正在犹豫时，母亲替他请来叔叔，帮忙看看生意不景气的原因。叔叔看了一眼就说："你这地方开服装店不行，周围一家服装店也没有，不招客。"

小张奇怪地问："为什么？"

"你的店面小，花色品种有限，对顾客的吸引力本来不大，再加上没有对手竞争，价格没有比较，顾客怎么愿来呢？"

小张心想：看来叔叔的经验还没有过时，说得相当有道理。既然这地方"风水不好"，那就只好关门大吉了。

后来，他在叔叔的指点下，在另一个地点新开了一家服装店。这回生意做得很好，现在已扩大成一家服装超市了。

故事微语

很多事不是凭自己的聪明与想象就能办到的，一定要去见识一番才能了解情况。可见全靠自己凭胆量去闯，受伤的机会就比较多，若是向过来人问一问，征求一下别人的意见，安全系数就会大大提高了。

现在很多年轻人比较欣赏这样一句豪言壮语：走自己的路，让别人说去吧。这固然表现了一种自信，但是有些绝对，因为别人说的如果是好的意见，我们还是要听的。

专心地倾听别人讲话，是我们所能给予别人的最大赞美，因为倾听是世界上最动听的语言。

心灵箴言

不经巨大的困难，不会有伟大的事业。

——[法] 伏尔泰

有取有舍的人多么幸福，寡情的守财奴才是不幸。

——[波斯] 鲁达基

上帝在关闭一扇门的同时，一定会为你打开另一扇门。

——《圣经》

人生是一场大火。我们每一个人唯一可做的就是从这场大火中多抢救一些东西出来。

——[美] 比尔·盖茨

常施善举，一念美意无限福泽

故事话题

琼斯是一位房地产推销员，她的工作十分出色，引人注目。很多顾客在接受了她推销的房子之后，仍然与她保持着良好的关系，而她也非常愿意帮助顾客解决各种问题。

简而言之，琼斯是以想顾客所想的优质服务征服了对方。即使买房以后，顾客仍能感受到她贴心服务的魅力。她会经常打电话给顾客问寒问暖，偶尔还会接受顾客的要求去做客。然而在顾客的家里，琼斯不是纯粹的礼仪性拜访，而是仔细询问和察看房子的使用状况。虽然不懂房子的供水系统，但她能够注意了解供水是否正常。如果出现了水流不稳定，她会主动帮助顾客到物业部门去解决这个问题。

琼斯做工作仔细，她知道当地某学校某年级学生教师的比例，甚至叫得出老师的名字。她能说出郊区火车月票的价格——精确到美分。她还能告诉顾客快车上只有 20 分钟开空调的时间等等。每当新住户搬进新居前，她会准备一份礼物，并在到来的第一天与他们共享一顿美餐。她知道刚搬家做饭还不方便，第一天晚上她会邀请他们到自己家共进晚餐。她还安排新来者加入当地的俱乐部。她了解住户的宗教信仰，与当地教堂联系："这里有新教友，见见面怎么样？"这些听起来不可思议，但琼斯做到了这些，她从各方面尽力帮助新住户迅速融入社区生活。

故事解析

作为一名推销员，虽不能帮助顾客修马桶，也不懂该如何做好装修，但是她仍然能够凭借自己的细心和热情来赢得顾客的青睐。有一次，她售房给一位顾客，那位先生十分满意，还向她推荐了 10 位潜在顾客，其中一位顾客又向她推荐了几个人。琼斯的业绩就是这么来的，而且她还很享受与这些顾客朋友的友谊。

也许有人会怀疑，这样的方式自己需要付出很多，是不是值得呢？其实，“人心都是肉长的”，你所做的一切，别人都是看在眼里、记在心上的，回报是迟早的事。而且，只要你真正把握住了对方的想法，有时候你只需在对方最要紧的地方添上画龙点睛的轻轻一笔，就能起到事半功倍的效果。相反，倘若总是斤斤计较于自己是否吃亏，而不愿意花力气和精力来为别人着想，是永远也无法赢得别人的信任的。

在人生的漫漫长河中，谁都避免不了会遇到这样或那样的困难，我们今天所见到的某人的遭遇，极有可能是日后自己某个遭遇的一次提前彩排。在朋友最需要你帮助的时候，你绝不要找借口。因为你帮助了朋友，在你日后有困难的时候，朋友也同样会帮助你。因此你拯救了朋友，实际上，也就是在拯救自己。

帮助别人是人生一种莫大的快乐，人的一生亦离不开别人的帮助。有时由于帮助别人，自己却得到了出乎意料的回报。做人要懂得帮人的道理，如果只知取不知舍，只晓得要别人帮自己，而不愿意帮助别人，那做人是一个大失败。

我们还知道，快乐的人比较慷慨。心满意足的时候，我们比较会仁慈待人。例如某个著名的实验，无意中在电话亭里捡到钱的受试者，看到有人掉了一叠文件比较会去帮忙捡拾。心存感恩的人比较容易慷慨解囊，对遭逢困境的他人伸出援手。反之亦然：你如果慷慨，你会比较快乐。慷慨，是心情的调节剂。有人问印度泰瑞莎修女，为什么她那群助贫救苦的助手总是快乐欢欣。泰瑞莎修女对那人说：“因为世上没有比帮助苦难的人更快乐的事。”

故事穿越

上个世纪初，英国出了两个杰出人物，这两个人对世界的贡献是如此的巨大，以致于全世界几乎没有人不知道他们：一个是英国首相温斯顿·丘吉尔，他在二战中，以自己杰出的外交才能极大地推进了世界反法西斯战争的胜利进程，他治理国家的超凡智慧和忠实诚信的人品在国内受到了人民的普遍尊敬。

一个是英国细菌学家亚历山大·弗莱明，他在1928年发明了青霉素。青霉素是现代医学中使用最普遍、抗菌效果最显著的药物，它的临床应用为全人类的健康带来了福音，它和原子弹、雷达并列，被称为二战时期世界三大发明之一。

然而，这两个人在小时候都曾面临厄运：丘吉尔在一次玩耍时不小心掉进了一个很深的粪池，如果没有人来救起他，他很快就会被淹死。弗莱明小时候家里很穷，没钱供他读书，如果得不到富人资助，他长大之后只能是一个缺少知识的文盲。

幸好，在丘吉尔掉入粪池的时候，有一个农夫闻声赶来，奋不顾身跳入粪池，将他救起。这个农夫就是弗莱明的父亲。丘吉尔的父亲当时是英国上议院的议员，为了报答农夫的救子之恩，他把弗莱明带去上学，一直读到圣玛利亚学院毕业。

故事微语

弗莱明的父亲是个很平常的人，他从粪池中救起小孩儿也是一个很平常的善举，然而，现在我们可以说：正是这么一个很平常的人，一个很平常的善举，改写了世界的历史。

慷慨正是如此：把最心爱的东西送人。送出后我们的物质会困窘些，可是感觉更富有。或许我们也会感到少了点装备和安全，可也多了点自由。我们就此具备了条件，让寄身的世界更添几许仁慈。

心灵箴言

土扶可城墙，积德为厚地。

——李白

君子成人之美，不成人之恶。

——《论语·颜渊》

勿以恶小而为之，勿以善小而不为。

——《三国志·蜀书·先主传》

行一件好事，心中泰然；行一件歹事，衾影抱愧。

——神涵光

不患位之不尊，而患德之不崇；不耻禄之不伙，而耻智之不博。

——张衡

君子要成人之美，不能成人之恶

故事话题

三国争霸之前，周瑜并不得意。他曾在袁术部下为官，被袁术任命当过一个小小的居巢长，一个小县的县令罢了。

这时候地方上发生了饥荒，年成既坏，兵乱间又损失不少，粮食问题日渐严峻起来。居巢的百姓没有粮食吃，就吃树皮、草根，活活饿死了不少人，军队也饿得失去了战斗力。周瑜作为父母官，看到这种悲惨情形急得心慌意乱，不知如何是好。

有人献计，说附近有位乐善好施的财主鲁肃，他家素来富裕，想必囤积了不少粮食，不如去问他借。

周瑜带上人马登门拜访鲁肃，刚刚寒暄完，周瑜就直接说：“不瞒老兄，小弟此次造访，是想借点粮食。”

鲁肃一看周瑜精神俊朗，显而易见是个才子，日后必成大器，他根本不在乎周瑜现在只是个小小的居巢长，哈哈大笑说：“此乃区区小事，我答应就是。”

鲁肃亲自带周瑜去查看粮仓，这时鲁家就有两仓粮食，鲁肃痛快地说：“也别提什么借不借的，我把其中一个仓的粮食送与你好了。”周瑜及其手下一听他如此慷慨大方，都愣住了。要知道，在饥荒之年，粮食就是生命啊！周瑜被鲁肃的言行深深感动了，两人当下就交上了朋友。

后来周瑜发达了，当上了将军，他牢记鲁肃的恩德，将他推荐给孙权。鲁肃终于得到了干事业的机会。

12

故事解析

雪中送炭、口渴喂水，是施恩的一大特征。毕竟，每个人的内心都有一些需求，有特别重要的，也有不重要的，而我们在急需某些帮助的时候，别人向我们伸出了援手，我们则必然心生感激，甚至终生不忘。

濒临饿死时，送对方一只萝卜，和富贵时，送对方一座金山，就对方的内心感受来说，是完全不一样的。人往往会在走投无路、穷困潦倒时遇到的帮助，才是更加可贵的。

故事穿越

罗斯是个单身女子，住在华盛顿的一个闹市区。

有一次，罗斯搬一只大箱子回家，因为电梯坏了，她只得自己扛着箱子上十二层楼。彼得是一个平时没事就在大街上闲逛、偶尔还闯点祸的人，这次他看到罗斯累得汗流满面，于是想上去帮助罗斯。

罗斯并不相信彼得，以为他图谋不轨。彼得十分困惑，他花费了许多唇舌，想说明他的善良用心，却无济于事。罗斯拒绝了彼得，她将箱子从一层搬到二层后，就再也没有力气了，需不需要彼得的援手呢？罗斯感到矛盾极了。

最终，还是在彼得的帮助下才把箱子搬上了十二层。为了表示自己的真诚，彼得只将箱子搬到罗斯的家门口，坚持不进去。后来，罗斯和彼得交上了朋友，一年后，双双踏上了红地毯。

故事微语

试想，假如彼得对罗斯的困难视而不见的话，又怎么会获得难得的爱情呢？

有人说：“帮助人是一种缘分。”这句话中蕴涵着更深一层的理解：

人际间的缘分都是共有的，没有你我之分，通常都是“你中有我，我中有你”。我帮了你，你帮了他，他又帮了我。当有人需要你帮一把时，你能搭把手帮一把就是一种回报，就是一种社会共有的缘分。

帮人，就是行善积德。也许没有比帮助这一善举更能体现一个人宽广的胸怀和慷慨的气度的了。不要小看对一个失意的人说一句暖心的话，对一个将要跌倒的人轻轻扶一把，对一个无望的人赋予一个真挚的信任。也许自己什么都没失去，而对一个需要帮助的人来说，也许就是醒悟，就是支持，就是宽慰。

在别人遇到困难时主动帮助也就是去经常留人情。帮时不计回报，日积月累，留下来的都是好人缘。平时多留情，有备无患，这是赢得好人缘的第一个原则。

心灵箴言

将欲取之，必先予之。

——老子《道德经》

天行健，君子以自强不息。地势坤，君子以厚德载物。

——《易经》

我们的生命是天赋的，我们惟有献出生命，才能得到生命。

——[印] 泰戈尔

一个丰富的天性，如果不拿自己来喂养饥肠辘辘的别人，自己也就要枯萎了。

——[法] 罗曼·罗兰

利己的人最先灭亡。他自己活着，并且为自己而生活。如果他的这个“我”被损坏了，那他就无法生存了。

——[美] 奥斯特洛夫斯基

不要为利益舍弃最珍贵的东西

故事话题

金庸与梁羽生同为新派武侠小说大家，被赞为“一时瑜亮”。然而两人互不服气，打了几场“笔墨官司”。

在上世纪 60 年代，梁羽生的地位和影响一度超过金庸，他的作品被改编成电影、电视剧，无论在量还是质上都略胜于金庸一筹。就在双方“粉丝”热烈争论梁金到底谁是“江湖第一人”，闹得不可开交时，梁羽生自己却舍弃了这个名号，他坦率地说：“我是全世界第一个知道金庸比梁羽生写武侠写得更好的人。”

后来，梁羽生与金庸一起参加一个武侠小说研讨会，席间有人把梁羽生称作新武侠小说的宗师，他却再一次提到金庸：“我顶多只能算是个开风气的人，真正对武侠小说有很大贡献的，是金庸先生……有人将他比作法国的大仲马，他是当之无愧的。”金庸连说不敢当，自此两人冰释前嫌，成为肝胆相照的朋友。

故事解析

人生在世，就是一个不断选择和变化的过程。除了自己的父母无法选择外，其他的，都可以选择。比如选择你的工作，选择你的伴侣，选择你对人生的态度等等。选择的关键正在于你能否在人生得与失的关键点上不昧天理良心，拿得起，放得下。人的一生，不是得，就是失。而人的一生，其实就是得中有失，失中有得，在得失之间，精彩你的人生。在我们的现实生活中，得与失无处不在，无时不有。

当我们把鲜花送给别人时，首先闻到花香的是我们自己；当我们把泥土抛向别人时，首先弄脏的是我们自己的一双手。

梁羽生“舍”虚名“得”友谊启示我们：与人交往，有“舍”才会有“得”，在不吝舍弃的同时，我们也会得到别人的友谊与回报。

天龙八部

故事穿越

吴孟达和周润发是香港无线电视台开办的艺人培训班的同学。吴孟达一度嗜赌如命，欠下好多赌债，身边的朋友都认为他是“烂泥扶不上墙”。周润发多次良言相劝，但吴孟达依旧烂赌旷工。

1980 年，吴孟达欠下 30 万元赌债，又无戏可接，破产了。他向周润发借钱，看着好友的惨象，周润发十分痛心，但是转念一想，不如趁此机会敲醒他。周润发很清楚此举会招致吴孟达甚至更多人的误解，但他决定为了挽救朋友不惜声名。于是，周润发板着脸说：“你自己解决这事情。”吴孟达对他的“见死不救”非常怨恨，愤然与他绝交。

后来，吴孟达戒了赌瘾，认真拍戏还完了债务，并凭着精湛的演技成为香港演艺圈的“金牌配角”。这时候，人们才领悟了周润发的苦心，对他大加赞誉。吴孟达也理解了周润发不肯借钱的苦心，对他充满了感激之情。周润发“舍”的是声名与友谊，但却换回了一个“浪子回头”的吴孟达，自己也“得”到了众人的理解与称誉。事实上，勇于舍弃自己的利益，来使别人得到了好处，更显示了一种难得的襟怀与气度。

故事微语

人生在寻找得的同时，总要付出一种代价，正确地认识得与失，人就会在得到的时候，懂得必然的失落；也会在失落的时候，懂得如何从失落中找回自我。自己把自己说服了，是一种理智的胜利；自己被自己感动了，是一种心灵的升华；自己把自己征服了，是一种人生的成熟。

而在人际交往中，我们要做懂得舍的人，只有勇于“舍”，我们才能迎来“得”，才能赢得美好和谐的人际关系，从而在社交场上如鱼得水，成为备受欢迎的人。

心灵箴言

夫唯不争，故天下莫能与之争。

——老子

我可以接受失败，但我不能接受放弃！

——[美] 迈克尔·乔丹

生活就像海洋，只有意志坚强的人，才能到达彼岸。

——[德] 马克思

浪费别人的时间是谋财害命，浪费自己的时间是慢性自杀。

——[苏联] 列宁

第二篇

宽容待人：让是非的棱角随云淡风轻

莎士比亚说："宽容就像天上的细雨滋润着大地。它赐福于宽容的人，也赐福于被宽容的人。"如果你把泥巴抛向别人，首先弄脏的，一定是你自己的手；如果你把鲜花献给别人，首先闻到花香的，也一定是你自己。所以，舍得付出，带来阳光，照亮他人生命的人，自己也会沐浴在阳光下。

宽容他人方显豁达之心

故事话题

一个22岁的年轻人在订婚大喜那天，他的女朋友却牵着另一位年轻小伙儿的手对他说："对不起，我觉得，我们在一起不会幸福。"正沉浸在幸福中的他呆若木鸡，在亲戚朋友诧异的目光中真想找个地缝钻进去。

整个小镇都知道了他的事，年轻人决定逃离这个让他觉得生活在羞辱中的小镇。他发誓将来一定要风风光光地回到家乡，找回自己丢失的尊严。

果然，30年后，他已经成为伟大的文学家和思想家了。他的著作《忏悔录》《社会契约论》《爱弥儿》在欧洲引起了巨大的反响，他的名字——卢梭，享誉欧洲。在回到家乡的第二天，有位老朋友问他："你还记得艾丽尔吗?"卢梭笑着说："当然记得，她差一点儿做了我的新娘。""当初她带给了你莫大的羞辱，自己也没有好下场，这些年来，一直生活

在贫困潦倒之中，靠着亲戚们的救济艰难度日。上帝惩罚了她对你的背叛。"朋友对卢梭说。朋友本以为卢梭听到当初背叛自己的人落个悲惨下场后会感到高兴，然而卢梭却对他说："我很难过，上帝不应该惩罚她。我这里有一些钱，请你转交给她，不要告诉她是我给的，以免她以为我在羞辱她而拒绝。"

"你真的对艾丽尔没有丝毫的怨恨吗?当初，她可是让你丢尽了脸。"朋友用质疑的语气问。

"如果有怨恨，那也是30年以前的事了，如果这些年我一直对她怀有怨恨，那我自己岂不是在怨恨中生活了30年，那对我有什么好处呢?就像我提着一袋死老鼠去见你，那一路上闻着臭味的岂不是我?"

故事解析

宽容是一种坚强，而不是软弱。宽容要以退为进、积极地防御。宽容所体现出来的退让是有目的有计划的，主动权掌握在自己的手中。无奈和迫不得已不能算宽容。宽容的最高境界是对众生的怜悯。

宽容就是在别人和自己意见不一致时也不要勉强。从心理学角度，任何的想法都有其来由，任何的动机都有一定的诱因。了解对方想法的根源，找到他们意见提出的基础，就能够设身处地，提出的方案也更能够契合对方的心理而得到接受。消除阻碍和对抗是提高效率的唯一方法。任何人都有自己对人生的看法和体会，我们要尊重他们的知识和体验，积极吸取其中的精华，扬弃糟粕。

宽容就是忍耐。同伴的批评、朋友的误解，过多的争辩和“反击”实不足取，惟有冷静、忍耐、谅解最重要。相信这句名言：“宽容是在荆棘丛中长出来的谷粒。”能退一步，天地自然宽。

宽容也需要技巧。给一次机会并不是纵容，不是免除对方应该承担的责任。任何人都需要为自己的行为负责；任何人都要承担各种各样的后果。否则，对方会一而再、再而三地犯错，显示出软弱。

故事穿越

18 世纪的法国科学家普鲁斯特和贝索勒是一对论敌，他们对定比定律的争论长达 9 年之久，各执一词，谁也不让谁。最后的结果，是以普鲁斯特胜利而告终，普鲁斯特成为了定比这一科学定律的发明者。

普鲁斯特并未因此而得意忘形，把全部功劳据为己有。他真诚地对曾激烈反对过他的论敌贝索勒说：“要不是你一次次的质难，我是很难深入地研究这个定比定律的。”

同时，他特别向公众宣告，发现定比定律，贝索勒有一半的功劳。这就是宽容。允许别人的反对，并不计较别人的态度，而充分看待别人的长处，并吸收其营养。这种宽容让人感动。

故事微语

宽容别人，其实就是宽容我们自己。多一点对别人的宽容，其实，我们生命中就多了一点空间。有朋友的人生路上，才会有关爱和扶持，才不会有寂寞和孤独；有朋友的生活，才会少一点风雨，多一点温暖和阳光。其实，宽容永远都是一片晴天。

宽容就是忘却。人人都有痛苦，都有伤疤，动辄去揭，便添新创，旧痕新伤难愈合。忘记昨日的是非，忘记别人先前对自己的指责和谩骂，时间是良好的止痛剂。学会忘却，生活才有阳光，才有欢乐。

宽容就是不计较，事情过了就算了。每个人都有错误，如果执著于其过去的错误，就会形成思想包袱，不信任、耿耿于怀、放不开，限制了自己的思维，也限制了对方的发展。即使是背叛，也并非不可容忍。能够承受背叛的人才是最坚强的人，也将以他坚强的心志在生活中占据主动，以其威严更能够给人以信心、动力，因而更能够防止或减少背叛。

宽容就是潇洒。“处处绿杨堪系马，家家有路到长安。”宽厚待人，容纳非议，乃事业成功、家庭幸福美满之道。事事斤斤计较、患得患失，活得也累，难得人世走一遭，潇洒最重要。

心灵箴言

开诚心，布大度。

——康有为

量大好做事，树大好遮阴。

——中国谚语

人之心胸，多欲则窄，寡欲则宽。

——金缨

人之谤我也，与其能辩，不如能容。人之侮我也，与其能防，不如能化。

——弘一大师

仇恨如疾，早早地将它剔除吧

故事话题

从前，齐国有一对好朋友，一个叫管仲，一个叫鲍叔牙。年轻时，管仲家里很穷，又要奉养母亲。鲍叔牙得知后，便找他一起投资做生意。因为管仲没有钱，所以做生意的本钱几乎都是鲍叔牙一人承担的。但挣钱后，管仲的酬劳比鲍叔牙多，鲍叔牙手下对此表示不满，鲍叔牙却对仆人说，管仲家中有老母，多拿一些没关系。

一次，管仲和鲍叔牙一起去打仗，每次进攻的时候，管仲都躲在最后面；每次撤退时，他却跑在最前面。众人纷纷投来鄙夷的目光，骂他是个贪生怕死之徒。此时鲍叔牙站出来替管仲说话，解释说他是为家中老母活着，并非贪生怕死。管仲对此万分感激，称生自己的是父母，最懂他的却是鲍叔牙。

后来，齐国国王驾崩，公子诸继位。但这是个好吃懒做的主儿，鲍叔牙预感齐国恐要内乱，于是带着公子小白逃到莒国，管仲则带着公子纠逃到鲁国。

不久之后，齐国真的发生了内乱，管仲想杀掉小白，让纠顺利当上国王，可惜管仲在暗算小白的时候，把箭射偏了，射到了小白的腰带，小白没死。后来，鲍叔牙和小白比管仲和纠还早回到齐国，小白就当上了齐国的国王。

小白当上国王以后，决定封鲍叔牙为宰相，鲍叔牙却对小白说："管仲各方面都比我强，应该请他来当宰相才对。"小白不解，谁会重用曾经谋害过自己的人。但最后，他还是听了鲍叔牙的建议，而管仲也没有辜负大家的期望。

鲍叔牙甘愿做管仲的下属，鲍家的子孙世世代代都在齐国吃俸禄，得到了封地的有十多代，常常成为有名的大夫。

天下的人不赞美管仲的才干，而赞美鲍叔牙能了解人。后来，大家在称赞朋友之间有很好的友谊时，就会说他们是"管鲍之交"。

故事解析

朋友是你“长恨此身非我有，何时忘却营营”的相助；是你“小舟从此逝，江海寄余生”的相伴；更是你“欲将心事付瑶琴”时对你心声的聆听。结为刎颈之交的廉颇和蔺相如世代为人们所称道，高山流水遇知音的俞伯牙和钟子期世代为人们所仰慕，这些都源自一点：因为他们是患难相交的朋友，是真正的知己。在春秋时期，齐国的这样一段让人津津乐道的佳话，被后世称为“管鲍之交”中的两个主要人物，其伟大友情千古传颂。

人世间的友谊需要用真诚去播种，用热情去浇灌，用原则去培养，用谅解去护理。只要我们在生活中本着对人尊重理解、坦诚相待、宽容大度的原则，我们就可以成为更多人的朋友，也会得到更多的朋友。

故事穿越

1944年的冬天，饱受战争创伤的莫斯科异常寒冷，两万德国战俘排成纵队，从莫斯科大街上依次穿过。

尽管天空中飘飞着大团大团的雪花，但所有的马路两边，依然挤满了围观的人群。大批苏军士兵和治安警察，在战俘和围观者之间，划出了一道警戒线，用以防止德军战俘遭到围观群众愤怒的袭击。

这些老少不等的围观者大部分是来自莫斯科及其周围乡村的妇女。

她们之中每一个人的亲人，或是父亲，或是丈夫，或是兄弟，或是儿子，都在德军所发动的侵略战争中丧生。她们都是战争最直接的受害者，都对悍然入侵的德寇怀着满腔的仇恨。

当大队的德军俘虏出现在妇女们的眼前时，她们全都将双手攥成了愤怒的拳头。要不是有苏军士兵和警察在前面竭力阻拦，她们一定会不顾一切地冲上前去，把这些杀害自己亲人的刽子手撕成碎片。

俘虏们都低垂着头，胆战心惊地从围观群众的面前缓缓走过。突然，一位上了年纪、穿着破旧的妇女走出了围观的人群。她平静地来到一位警察面前，请求警察允许她走进警戒线去好好看看这些俘虏。警察看她满脸慈祥，没有什么恶意，便答应了她的请求。

于是，她来到了俘虏身边，颤巍巍地从怀里掏出了一个印花布包。打开，里面是一块黝黑的面包。她不好意思地将这块黝黑的面包，硬塞到了一个疲惫不堪、拄着双拐艰难挪动的年轻俘虏的衣袋里。年轻俘虏怔怔地看着面前的这位妇女，刹那间已泪流满面。他扔掉了双拐，“扑通”一声跪倒在地上，给面前这位善良的妇女，重重地磕了几个响头。

其他战俘受到感染，也接二连三地跪了下来，拼命地向围观的妇女磕头。于是，整个人群中愤怒的气氛一下子改变了。妇女们都被眼前的一幕所深深感动，纷纷从四面八方涌向俘虏，把面包、香烟等东西塞给了这些曾经是敌人的战俘。

故事微语

上述感人至深的故事，出自前苏联著名作家叶夫图申科在《提前撰写的自传》中的描述。叶夫图申科在故事的结尾写了这样一句令人深思的话：“这位善良的妇女，刹那之间便用宽容化解了众人心中的仇恨，并把爱与和平播种进了所有人的心田。”

佛家曾有慧语：仇恨永远不能化解仇恨，只有慈悲才能够彻底化解仇恨。敌人是无法用武力彻底消灭的。彻底消灭敌人的最好方法，就是用爱把他们变成朋友。

心灵箴言

人非尧舜，谁能尽善。

——李白

与人为善就是善于宽谅。

——[美] 弗罗斯特

忍耐记心间，烦恼不沾边。

——中国谚语

关公放了曹丞相，丈夫要有容人量。

——中国谚语

能忍能让真君子，能屈能伸大丈夫。

——中国谚语

用宽容的良药抚平指责的伤口

故事话题

相传古代有位老禅师，一日晚在禅院里散步，突见墙角边有一张椅子，他一看便知有位出家人违犯寺规越墙出去溜达了。老禅师也不声张，走到墙边，移开椅子，就地而蹲。少顷，果真有一小和尚翻墙，黑暗中踩着老禅师的背脊跳进了院子。

当他双脚着地时，才发觉刚才踏的不是椅子，而是自己的师傅。小和尚顿时惊慌失措，张口结舌。但出乎小和尚意料的是，师傅并没有厉声责备他，只是以平静的语调说："夜深天凉，快去多穿一件衣服。"

我们可以想像听到老禅师此话后，他的徒弟的心情，在这种宽容的无声的教育中，徒弟不是被他的错误惩罚了，而是被教育了。

故事解析

宽容就是不计较，事情过了就算了。每个人都会时不时犯个错误，如果执著于其过去的错误，就会形成思想包袱，不信任、耿耿于怀、放不开，限制了自己的思维，也限制了对方的发展。

即使是背叛，也并非件件都不可容忍。能够承受背叛的人才是最坚强的人，也将以他坚强的心志在生活中占据主动，以其威严更能够给人以信心、动力，因而更能够防止或减少背叛。

宽容别人，其实就是宽容我们自己。多一点对别人的宽容，其实，我们生命中就多了一点空间。有朋友的人生路上，才会有关爱和扶持，才不会有寂寞和孤独；有朋友的生活，才会少一点风雨，多一点温暖和阳光。其实，宽容永远都是一片晴天。

故事穿越

有一个男孩有着很坏的脾气，于是他的父亲就给了他一袋钉子；并且告诉他，每当他发脾气的时候就钉一根钉子在后院的围篱上。

第一天，这个男孩钉下了 37 根钉子。慢慢地每天钉下的数量减少了。他发现控制自己的脾气要比钉下那些钉子来得容易些。

终于有一天这个男孩再也不会失去耐性乱发脾气，他告诉他的父亲这件事，父亲告诉他，现在开始每当他能控制自己的脾气的时候，就拔出一根钉子。

一天天地过去了，最后男孩告诉他的父亲，他终于把所有钉子都拔出来了。

父亲握着他的手来到后院说：你做得很好，我的好孩子。但是看看那些围篱上的洞，这些围篱将永远不能回复成从前。你生气的时候说的话将像这些钉子一样留下疤痕。如果你拿刀子捅别人一刀，不管你说了多少次对不起，那个伤口将永远存在。话语的伤痛就像真实的伤痛一样令人无法承受。

故事微语

“人非圣贤，孰能无过。”很多时候，我们都需要宽容，宽容不仅是给别人机会，更是为自己创造机会。同样老板在面对下属的微小过失时，则应有所容忍和掩盖，这样做是为了保全他人的体面和企业的利益。

人与人之间常常因为一些彼此无法释怀的坚持，而造成永远的伤害。如果我们都能从自己做起，开始宽容地看待他人，相信你一定能收到许多意想不到的结果。帮别人开启一扇窗，也就是让自己看到更完整的天空。

心灵箴言

最高贵的复仇是宽容。

——[法] 雨果

宽容是文明的惟一考核。

——[美] 海尔普斯

有时宽容引起的道德震动比惩罚更强烈。

——[苏联] 苏霍姆林斯基

一个伟大的人有两颗心：一颗心流血，一颗心宽容。

——[美] 纪伯伦

生活过，而不会宽容别人的人，是不配受到别人的宽容的。但是谁能说是不需要宽容的呢？

——[俄] 屠格涅夫

在智者眼里，吃亏是一种必要的修行

故事话题

美国亨利食品加工公司总经理亨利·霍金士先生有一次意外地从化验室的报告单上发现，他们生产的食品配方中，起保险作用的添加剂有毒，虽然毒性不算大，但如果长期服用势必会对身体有害。如果不使用添加剂的话，则又会影响食品的新鲜度。

亨利·霍金士经过了仔细的思考之后，认为必须以诚信对待顾客。于是他毅然把这一对企业业绩有致命打击的事情告诉了每位顾客，随之又向社会公布，防腐剂有毒，对人的身体有害。

做出这样的举措之后，使他承受了前所未有的压力。食品销路锐减不说，所有从事食品加工的公司都联合起来，用一切手段反扑他，指责他居心不良，打击别人，抬高自己。于是他们一起抵制亨利公司的产品，亨利公司一下到了濒临倒闭的边缘。就这样苦苦挣扎了 4 年之后，亨利的食品加工公司已经倾家荡产，但他的名声却已是家喻户晓了。

这时候，政府站出来了，全力支持亨利公司，亨利公司在短时间内便恢复了元气，加上此前亨利的做法赢得了良好的声誉，使得他们的产品又成了热门货，销售业绩一路飙升。亨利食品加工公司也一举成了美国食品加工业的“龙头公司”。

故事解析

被世人称为“扬州八怪”之一的郑板桥，曾留下两句世人皆知的四字名言，一句是“难得糊涂”，另一句就是“吃亏是福”。

回想历史上许多有所成就的人，都是以豁达平和的心态面对吃亏的。能否吃亏，甚至成为古人区分君子和小人的标准之一。被誉为“清初三大家”之一的散文家魏禧，就曾说过：

“我不识何等为君子，但看每事肯吃亏的便是。我不识何等为小人，但看每事好便宜的便是。”

由此可知，坦然地面对吃亏，肯于吃亏，绝不是一个人无用、无能、无知的表现，很大程度上这也是一个人的品行如何，行为善否的真实反映。德不高者不甘吃亏，品不正者不肯吃亏，行不端者不能吃亏，心不诚者不愿吃亏。

勇于吃亏其实是比金钱更值得珍藏的财富，它使你赢得了别人的认可，为你日后的成功铺平了道路。如果你也有“主动吃亏”的勇气，那么很多困难都会迎刃而解。因为大多数人都喜欢占便宜，你吃了一点亏，让别人占一点便宜，那么，别人心里也会过意不去，便会记住你的恩惠的。所以他们会在恰当时候回报你，这就是你“吃亏”之后所占到的“便宜”。

故事穿越

35 岁的美国人休斯顿在斯图尔市的闹市区租了房子，准备从事水果批发生意。

在此之前，休斯顿在一家小公司干了 7 年的仓库保管员，没有任何的生意经验。但他不想一生都为别人打工，他想自己做老板，成就一番自己的事业。

可是谁也没想到，休斯顿的水果批发生意异于常人，他经营的所有水果，价格均是零利润出售的。也就是说，休斯顿不仅赚不到钱，还要每月赔上房租、水电等费用。

面对同行的嗤笑和亲友的质问，休斯顿从不多作解释，始终坚持以零利润经营水果生意。后来，休斯顿居然又将自己 7 年的工作积蓄全部取出来用在了首饰加工业和服装干洗业上，而且一如既往地坚持零利润经营。

所有人都认为休斯顿一定是疯了，虽然有很多顾客会奔着便宜实惠来购物，但是很多人预测，这种不断赔本的买卖，一定做不长。事实验证了大家的推测，一年后，休斯顿所有的生意都被迫叫停了。

但他仍然不死心，又迅速筹备了资金，开了一家经营中国什锦的店，全市除他之外绝无第二家。这次，休斯顿改变了零利润的经营思路，没有让人们继续看笑话。从开业之初，美丽的中国什锦首先吸引了消费者的眼球，加之品种繁多、质量优异，休斯顿的什锦之路一天比一天宽广。不到半年时间，他就连开了 5 家分店，生意都非常兴隆。

有人嗅到了商机，看着休斯顿的什锦生意眼红，也开类似的店面，但他们都奇怪地发现，几乎所有购买什锦的客户都集中在休斯顿的店里，很少光顾别家。无奈，他们只得草草收场。

其实，休斯顿创业之初的零利润经营方式，只是为了给广大消费者一个深刻的印象，时间长了，消费者的潜意识里，就会默认休斯顿出售的东西，价格都是最优惠的。

故事微语

休斯顿的零利润经营方式貌似很傻很愚笨，但经过了他聪明的市场运作和对人性的精确分析，却成了绝妙的智慧体现：眼前的损失是暂时的，个人的品牌和实在的长期回报才是真理。在行内人看来，休斯顿“零利润”背后是不断地损失，而在消费者心目中，“休斯顿”三个字俨然已经成为最实惠的品牌代言。

很多人都在为休斯顿感到幸运，称他这个“成事不足，败事有余”的小子在什锦上却“瞎猫撞上了死耗子”。其实，真正的秘诀只有休斯顿知道：自己的成功并非是他们所说的“幸运”，而是完全靠自己高超的经营智慧和对人性的精确掌握，先吃亏后盈利，表面吃亏，实际盈利。

心灵箴言

自出洞来无敌手，得饶人处且饶人。

——善棋道人

由来大度士，不受流俗侵。

——唐颜谦

人要成功，做到“两吃两放”，即放下架子，放下面子；能吃苦，能吃亏。

——陈光标

世界上最宽阔的是海洋，比海洋更宽阔的是天空，比天空更宽阔的是人的胸怀。

——（法）雨果

世界上 1%的人是吃小亏而占大便宜，而 99%的人是占小便宜吃大亏。大多数成功人士都源于那 1%。

——于丹

退一步是福，舍小利才能成大事

故事话题

春秋战国时期，秦王和赵王渑池会结束以后，由于蔺相如立了头功，被封为上卿，位在廉颇之上。廉颇不服，称自己是赵国将军，有攻城野战的大功，而蔺相如只不过靠能说会道立了点功，还是个平民出身，位置却凌驾于自己之上，简直是奇耻大辱。并且扬言说："我遇见相如，一定要羞辱他。"

相如听到后，处处故意躲着他。每到上朝时，常常推说有病，不愿和廉颇去争位次的先后。没过多久，相如外出，远远看到廉颇，相如就掉转车子回避。

后来，蔺相如的门客就淡定不了了，一起直言进谏说："我们所以离开亲人来侍奉您，就是仰慕您高尚的节义。如今您与廉颇官位相同，廉老先生口出恶言，而您却害怕躲避他，您怕得也太过分了，平庸的人尚且感到羞耻，何况是您这种人呢！我们这些人没出息，恕不伺候。"

蔺相如坚决地挽留他们，说："诸位认为廉将军和秦王相比谁厉害？"回答说："廉将军比不了秦王。"相如说："以秦王的威势，而我却敢在朝廷上呵斥他，羞辱他的群臣，我蔺相如虽然无能，难道会怕廉将军吗？但是我想到，强大的秦国之所以不敢攻打赵国，就是因为有我和廉将军在啊，如今两虎相斗，势必不能共存。我所以这样忍让，就是为了要把国家的急难摆在前面，而把个人的私怨放在后面。"

廉颇听说了这些话，就脱去上衣，背着荆条，由宾客带引，来到蔺相如的门前请罪。他说："我是个粗野卑贱的人，想不到将军您是如此的宽厚啊！"

二人终于和好如初，成为生死与共的好友。

故事解析

宽容是人和人之间必不可少的润滑剂。它和诚实、勤奋、乐观等价值指标一样，是衡量一个人气质涵养、道德水准的尺度。生气愤怒是人类最坏的毛病之一，它是用别人的过错惩罚自己，是一种徒劳的、于己于人无益，是无能的表现。

宽容别人是对对方的一种尊重、一种接受、一种爱心，有时候宽容更是一种力量。

宽容本身也是一种沟通、一种美德。假如生活中，我们受到了不公正待遇或自己身边的人做错了什么，千万不要生气愤怒，而应学会宽容。

故事穿越

林肯在竞选总统前夕，他在参议院演说时，遭到一个参议院议员的羞辱，那参议员说："林肯先生，在你开始演讲之前，我希望你记住自己是个鞋匠的儿子。"

"我非常感谢你使我记起了我的父亲，他已经过世了，我一定记住你的忠告，我知道我做总统无法像我父亲做鞋匠那样做得好。"

参议院陷入了一片沉默。

他转过头来对那个傲慢的议员说："据我所知，我的父亲以前也为你的家人做过鞋子，如果你的鞋子不合脚，我可以帮你改正它。虽然我不是伟大的鞋匠，但我从小就跟我的父亲学会了做鞋子的技术。"然后，他又对所有的参议员说："对参议院的任何人都一样，如果你们穿的那双鞋是我父亲做的，而你需要修理或改善，我一定尽可能的帮忙。但有一点可以肯定，他的手艺是无人能比的。"

说到这里，所有的嘲笑化作了真诚的掌声。

有人批评林肯总统对待政敌的态度："你为什么试图让他们变成朋友呢？你应该想办法打击他们，消灭他们才对。"

"我们难道不是在消灭政敌吗？当我们成为朋友时，政敌就不存在了。"林肯总统温和地说。这就是林肯总统消灭政敌的方法，将敌人变成朋友。

他，两度被选为美国总统。

今天在以他名字命名的纪念馆的墙壁上刻着的是这样的一段话：

"对任何人不怀恶意；对一切人宽大仁爱；坚持正义，因为上帝使我们懂得正义；让我们继续努力去完成我们正在从事的事业；包扎我们国家的伤口。"

故事微语

宽容大度，在某种程度上其实就是在吸纳你最原始的品德，为人处事学会宽容、谦卑、大度，才能让自己的生命之路走得更顺利。

我们生存的空间不仅仅局限于自己，更多的是与社会各种阶层的人相接触，所以就会产生所谓的对手和所谓的朋友。作为对立者，其实并不完全处于一种劣势，万事万物都可能存在一定的对立，尤其是人与人之间的交往，更有可能存在性格、人格以及其他的分歧。学会为对手叫好是一种智慧，不少人与人初次见面很客气，与人短时间相处也能做到谦让付出，可是时间长了就相处不好了，不愿为对方付出，甚至斤斤计较起来。

成功的处世是与人相处得越久越显示出自己对人的友好。学会为对手叫好是一种美德，你付出了赞美，得到的是感激。因为你在欣赏他们的同时，也在不断提升和完善自我；学会为对手叫好是一种修养，为对手赞美的过程，也是自己矫正自私与妒忌心理，从而培养大家风范的过程。

心灵箴言

双鸟在林不如一鸟在手。

——中国谚语

线儿放得长，鱼儿钓得大。

——石成金

忍一时风平浪静，退一步海阔天空。

——《增广贤文》

无欲速，无见小利。欲速则不达，见小利则大事不成。

——《论语·子路》

第三篇

淡然放下：在喧嚣中找到宁静的归属

放下沉重的包袱，不为贪婪所迷惑，不为钱财所伤神。这样的人生，自然是轻松而快乐的。人生往往如此，拥有的越多，包袱也就越重。其实万事万物本来就随着世界的变迁而变化，可世人却总是试图牢牢地抓住现在、不愿改变，于是烦恼接踵而至。如果这时能放下身上的包袱，便能解开精神上的枷锁，生活就会逍遥自在。

放下那一刻，幸福展花颜

故事话题

有一位女孩，她的声音像夜莺一样婉转动人。每天，她都会练歌，都会重温自己的梦想——长大后成为一名歌手。但是她很胆怯，从来不敢到公共场合唱歌。

一天，父亲把她带到了朋友的酒吧，鼓励她试一试。当时酒吧里人很少，她鼓起勇气，唱起了自己最拿手的曲子。美妙的歌声就像流水一样，瞬间淌进了人们的心田。人们纷纷投以欣赏的眼光，但是她突然胆怯了，歌声也变得有些晦涩。她试图纠正，但是心情越来越紧张，结果唱到第三节时，她走调了。

一旁的服务生轻轻地笑了，敏感的她立即停止了歌唱，走下台来。看到父亲，她哭了。此后，她再也不敢唱歌了。

后来，她考入了浙江一所大学，学的是历史。当一名历史老师是她的新理想。

大学毕业前夕，她所在的城市承办了当年的业余歌手大奖赛。

父亲心有不甘，他鼓励女儿参赛，女孩却没有信心。

父亲知道女儿害怕失败，开导她说："你现在的梦想是什么？"

女孩说："当一个历史老师。"

父亲说："你不想当歌手了？"

女儿说："不想了。"

"那好，"父亲说，"你去参加歌手比赛吧，你唱得不好，也不会影响你的梦想；你唱得好，得了名次，你的梦想仍然不变。没有人能阻止你的梦想。"女孩被父亲说动了。但是登台之前，女孩仍然紧张。父亲说："记住，你的梦想不是歌手，而是历史老师。你要让观众知道，未来的历史老师，歌喉同样很好！"

女孩笑了。她轻松地上台，轻松地演唱，婉转的歌声感染了每一位现场观众。一曲唱罢，台下掌声雷动。

那一次，女孩获得了大赛金奖。后来，她参加了许多次歌手大奖赛，每次都有收获。再后来，她被一家电视台发现，成为了一名主持人。每一天，她都要面对成千上万的观众，她的栏目成为了该电视台的招牌节目。

故事解析

故事中女孩的成功说明，一个人要想成功，首先要克服患得患失的心理。如果你不能克服患得患失的心理，即使是很小的障碍，也会变成不可逾越的深渊。

有些时候，我们没必要给自己设置太多的压力。只要曾经追求，失败了也是一种美丽。只要越过“雷池”一步，我们就有望踏上成功的乐土。只要把得失成败看轻看淡，敢于放手一搏，我们终究会翱翔于理想的天际。

有的人在得与失之间不停地徘徊，一生都处于苦恼之中而失去快乐，其实这是不应该的，人不能因为患得患失而丢失了本该愉快的心情。当我们在得与失之间徘徊的时候，只要还有抉择的权利，我们就应当以自己的心灵是否能得到安宁为原则。只要我们能在得失之间做出明智的选择，我们的人生就不会被世俗烦恼所淹没。

故事穿越

有一个人外出办事，跋山涉水，好不辛苦。有一次，他经过险峻的悬崖，一不小心，竟然掉到深谷里去了。眼看生命危在旦夕，这个人双手在空中乱抓，刚好抓住崖壁上枯树的老枝，总算保住了生命，但是人却悬在半空中，上下不得。

正在进退维谷、不知如何是好的时候，忽然看到慈悲的佛陀站立在悬崖上，他如同见到救星一般，立刻请求佛陀说："佛陀，求您发发慈悲，救救我吧！"

佛陀慈祥地说："我救你可以，但是你要听我的话，我才有办法救你上来。"

那个人忙说："佛陀，到了这种地步，我怎么敢不听您的话呢？随便您说什么，我全都听您的。"

这时佛陀说："好吧！既然这样，请你把抓住树枝的手放下！"

那人一听，心想，把手一放，势必掉到万丈深渊，跌得粉身碎骨，哪里还能保得住性命？因此更加抓紧树枝不放，佛陀看到他执迷不悟，只好离他而去。

故事微语

人在一生中最舍不得的就是这个“我”，这是最大的障碍。谁要是敢舍，就像这个人松开抓住树枝的手，舍掉自我，那么他就真的能大得。这就是大舍才能大得，敢死才能活，敢大死才能大活的道理。因为在你松手、舍弃自我的一瞬间，在你做到了一般人都不敢大舍的举动之后，你就会悟到生命的本质，悟到幻相与真相，从而获得心灵大自由、精神大解放、生活大机遇。

“得”建立在“舍”的基础之上，但“得”的获取还与多种因素有关。有“舍”并不一定有“得”，而不“舍”则一定不会有“得”。

心灵箴言

得之，我幸；不得，我命。

——徐志摩

仰天吐唾，唾不至天，还堕己面；逆风扬尘，尘不至彼，还坌己身。

——《四十二章经》

舍得舍得，有舍才有得，小舍小得，大舍大得，难舍难得，不舍不得。

——佚名

不要指望，麻雀会飞得很高。高处的天空，那是鹰的领地。麻雀如果摆正了自己的位置，它照样会过得很幸福！

——刘心武

摊开手掌，你拥有全世界

故事话题

古时有位居士向禅师诉苦，说自己妻子太过吝啬，请禅师去开解她。于是禅师就和这位居士来到他家中。

果然，居士的妻子十分小气，仅仅给禅师倒了一杯白水，连一点的茶叶末也舍不得放。禅师并不计较，他将手握成拳头夹着杯子喝水，这一举动惹笑了居士的妻子。禅师问她笑什么，她说："大师，你的手难不成有毛病？怎么总是握成拳头？"禅师问："握成拳头不好吗？若我天天如此呢？""那怕真会生出什么毛病来了，天长日久，成了畸形也不稀奇。""哦。"禅师像是恍然大悟，摊开手掌，却又总是张着五根指头，不肯合拢。

居士的妻子又被他的滑稽逗乐了，笑着说："大师啊，你的手总是这样，真是畸形吧？"禅师点点头："总是握着拳头或总是摊开巴掌，都是畸形。这就如同我们的钱财，若是只知紧紧握在手里，不肯松开，天长日久，人的心也就成了畸形；若是只知挥霍，不知积累，也是畸形。钱，只有用起来，它才是'钱'，才有它的价值。"

居士的妻子突然脸红了，但禅师的话伤了她的自尊心，她想借机扳回一句。这时，她家养的一只小猴子从外面跑了进来。她灵机一动，抱起小猴子，对禅师说："听闻您法力无边，不如想办法把它变成人吧。"于是禅师伸手拔了一根猴毛。小猴子痛得吱吱乱叫乱蹦，从居士妻子怀里挣脱出来，逃之夭夭。禅师叹了一口气，摇着头说："唉，你看它一毛不拔，怎么能做人呢？舍得舍得，有舍才有得；分毫不舍，又如何能得。"

故事解析

生命的过程，其实就是一个舍与得、扬与弃的过程。学会舍弃，让自己轻装上阵，你将有能力站得更高，看到更美的风景。如同雕刻师雕刻一块石材，这个雕琢过程表面上看似乎是在耗损和割离，而实际上，随着每一点石雕的削落，都是一件绝美作品诞生的前奏。

“舍弃”的道理听起来虽然简单，但生活中能做到的人却寥寥无几。几乎每个人的身上、心中存在着负累：我们放不下心中认定的“自我”，去开始一个新的探索；我们放不下已经取得的一点成绩，以至于无法“归零”后再起程；我们放不下生命中已经存在的枝枝桠桠，明知道它们在无情地消耗我们的能量……正因如此，我们进退不得、步履维艰，甚至原地踏步，逐渐陷入了进退两难的尴尬境地。

故事穿越

第二次世界大战过后，有一个商人和一个农民在街上寻找遗留下来的财物。走到牧场附近，他们发现了一堆没有被烧焦的羊毛，于是，两个人就各自分了一半捆在自己的背上。

回去的路上，他们又发现了一些布匹。农夫便将身上沉重的羊毛丢弃了，扛了更多的布匹准备回去卖钱，而贪婪的商人却捡起了农夫丢掉的羊毛以及剩下的所有布匹，统统扛起来想要拿回家。沉重的包袱，让他气喘吁吁，前行缓慢。

走了不远，他们又发现了一些金器。这回农夫又丢掉了布匹，捡起了更多的金器，而商人却因为沉重的羊毛和布匹使得他弯不下腰，也腾不出手而作罢。

这时，忽然降了一场大雨，羊毛和布匹都被淋湿了，商人实在支撑不住，狼狈地摔倒在泥泞当中，而农夫却一身轻松地回到了家，变卖了所有的金器，过上了富足的生活。

故事微语

其实有时得到什么，失去什么，我们内心里都很清楚，只是觉得每一样东西都有各自的好处，于是都舍不得放手。可是，我们必须要知道，人的一生“鱼和熊掌不可兼得”，谁能享有世界的全部呢？既然不能，就应选择自己最需要的那部分，舍弃有碍于自己前进的种种包袱，只有这样，我们才能顺利抵达彼岸，而不是在中途搁浅或沉没。

取是一种能力，舍是一种勇气，没有本事的人取不来，没有胸襟的人舍不得。如果你能领悟“舍弃”的道理，你将会有一种如释重负的感觉，因为只有懂得舍弃，才能掌握当下。

舍弃你的回忆，将昨天埋在心底；舍弃曾经的感情，让彼此都能有个更轻松的开始；舍弃你的野心，让生活变得更加从容；舍弃你的欲望，试着看淡金钱与名利；舍弃你的仇恨，用爱来融化生活中的坚冰……之后，你会发现，生活原来是如此幸福。

心灵箴言

社会犹如一条船，每个人都要有掌舵的准备。

——[挪威] 易卜生

当一个人用工作去迎接光明，光明很快就会来照耀着他。

——冯学峰

希望是附丽于存在的，有存在，便有希望，有希望，便是光明。

——鲁迅

人的一生可能燃烧也可能腐朽，我不能腐朽，我愿意燃烧起来！

——[苏联] 尼古拉·奥斯特洛夫斯基

执着有度，不做无意义的坚持

故事话题

两个穷樵夫一直靠上山砍柴为生。一天，他们在山里发现两大包棉花，两人喜出望外。棉花的价格高过柴薪数倍，将这两包棉花卖掉，足可供家人一个月衣食无忧。于是，两人各自背了一包棉花，便打算赶路回家。

走着走着，其中一名樵夫眼尖，看到山路上有一大捆布，走近细看，竟是上等的细麻布，足足有十多匹。他欣喜之余，便和同伴商量，打算一同放下肩负的棉花，改背麻布回家。

他的同伴却有不同的想法，认为自己背着棉花已走了一大段路，到了这里丢下棉花，岂不枉费自己先前的辛苦？因此，他坚持不愿换麻布。见同伴不听，先前发现麻布的樵夫只得自己竭尽所能地背起麻布，继续前行。

又走了一段路后，背麻布的樵夫望见林中有些东西闪闪发光，待走近前一看，地上竟然散落着一大堆黄金。他心想：这下真的发财了，赶忙放

下肩头的麻布，并劝同伴放弃棉花，改用挑柴的扁担来挑黄金。

他的同伴仍是那套理由，不愿丢下棉花；并且怀疑那些黄金不是真的，劝他不要白费力气，免得到头来空欢喜一场。

发现黄金的樵夫只好自己挑了一担黄金，和背棉花的伙伴赶路回家。走到山下时，突然下了一场大雨，两人在空旷处被淋了个湿透。更不幸的是，背棉花的樵夫肩上的大包棉花，吸饱了雨水，重得使他无法再挪动半步。背棉花的樵夫不得已，只能丢下一路辛苦舍不得放弃的棉花，空着手和挑着黄金的同伴回家了。

故事解析

两个穷樵夫的故事告诉我们这样一个道理：在人生的每一个关键时刻，你必须审慎地运用智慧，做出果断的判断和取舍，有所选择，有所放弃，选择正确方向，放弃那些可能成为累赘的一切。这样，才能轻装前进，更好地实现自己的目标。

由此可见，鱼和熊掌往往是不能兼得的。人生取舍也是如此，有舍有得。不舍弃鲜花的绚丽，就得不到果实的香甜；不舍弃黑夜的温馨，就得不到朝阳的明艳。

自然界是这样，人生也是如此。在人生几十年的漫漫旅途中，有山有水，有风有雨，有舍弃“温馨”和“绚丽”的烦恼，也有获得“香甜”和“明艳”的喜悦。人生就是在舍弃和获得的交替中得到升华，从而到达高层次的大境界。

故事穿越

鲁迅在日本留学的时候学的是医学，他原本的目的是改善被讥为“东亚病夫”的中国人的身体状况，他自认为身体强壮起来了也就不会被欺负了。

直到有一次，在上课前放映的幻灯画面中，鲁迅看到一个中国人被日本军队捉住准备砍头，旁边站了一群中国人却若无其事地看热闹，鲁迅在思想上受到了极大的刺激。这也使他认识到，精神上的麻木比身体上的虚弱更加可怕且可悲。

要改变中华民族的悲惨命运，首要的是拯救中国人的精神，而要拯救精神，则要从文学和艺术开始。于是鲁迅弃医从文，筹办文学杂志，发表文章，开启了文学事业的道路。

故事微语

鲁迅的成功，在于他的回头和重新做出的决定。当他发现医学只能疗救一个人身体的病痛与缺陷，不能医治好精神上的痼疾时，他终于醒悟了。所以，鲁迅放弃了原来已经走得顺顺利利的医学之路，而选择了剖析国人的灵魂——以笔为刀的文学创作之路。回头看时，鲁迅修正了人生的方向，我们为何不可？人生的旅途并非只要一直前行便可达到成功的彼岸，而是找准方向才有取得成功的可能。

在我们的生活中，总有一些事，是我们无论经过多少努力，都无法成功的。这时，我们便要学会审视自己的来时路，回头看看，这条路是否真的适合自己。若不是属于自己的路，继续走下去只会离目标越来越远。

回头看看吧，当你执著于成功，而又找不到前方的出路时；当你面对高墙围困，茫然不知所措时，便是回头的时候了。回头看看，你可能发现解决问题的方法不止一种，曾经认为的绊脚石也可能成为垫脚石，遭遇过的失败可能就是成功的动力来源。

当然，并不是每一个地方都应该回头看看。回头便是需要有反思的心态，需要有静下来的空间。在百米跑道上，你就不能回头，在生死急速间，你也不能回头。因为这个时候，你应该轻装上阵，一往无前。

心灵箴言

但愿每次回忆，对生活都不感到负疚。

——郭小川

古之立大事者，不惟有超世之才，亦必有坚忍不拔之志。

——苏轼

向着某一天终于要达到的那个终极目标迈步还不够，还要把每一步骤看成目标，使它作为步骤而起作用。

——[德] 歌德

一个人做事，在动手之前，当然要详慎考虑；但是计划或方针已定之后，就要认定目标前进，不可再有迟疑不决的态度，这就是坚毅的态度。

——邹韬奋

欲望是难以放下的祸首

故事话题

有位国王，天下尽在手中，但仍不满足，总觉得生活中缺点儿什么。

一天，国王起个大早，决定在王宫中四处转转。走到御膳房时，他听到有人在快乐地哼着小曲。循着声音，国王看到是一个厨子在唱歌，脸上洋溢着幸福和快乐。国王问厨子为什么如此快乐，厨子说："陛下，我虽然只不过是个厨子，但我一直尽我所能让我的妻小快乐，我们所需不多，头顶有间草屋，肚里不缺暖食，便够了。我的妻子和孩子是我的精神支柱，而我带回家哪怕一件小东西都能让他们满足。我之所以天天如此快乐，是因为我的家人天天都快乐。"

后来，国王向宰相咨询此事，宰相答道："陛下，我相信这个厨子还没有成为'99 一族'。"那么什么是"99 一族"呢？宰相建议国王做个实验：

命人将 99 枚金币放进一个包里，然后放在厨子的家门口，等他回来。结果，厨子回家发现这个布包时，惊喜若狂。可将钱币倒出来一数，怎么才 99 枚，不是应该还有一枚吗？于是，厨师便满屋里寻找，直到筋疲力尽，才彻底绝望，心中沮丧到了极点。

他决定从明天起，加倍努力工作，早日挣回一枚金币，以使他的财富达到 100 枚金币。

由于晚上找金币太辛苦，第二天早上他起来得有点晚，情绪也极坏，对妻子和孩子大吼大叫，责怪他们没有及时叫醒他，影响了他早日挣到一枚金币这一宏伟目标的实现。

他匆匆来到御膳房，不再像往日那样兴高采烈，既不哼小曲也不吹口哨了，只是埋头拼命地干活，一点也没有注意到国王正悄悄地观察着他。看到厨子心绪变化如此巨大，国王大为不解，于是再次询问宰相。

宰相答道："陛下，这个厨子现在已经正式加入'99 一族'了。'99 一族'是这样一类人：他们拥有很多，但从来不会满足，他们拼命工作，为了额外的那个'1'，他们苦苦努力，渴望实现'100'，因此他们永远不知道放松和快乐"。

故事解析

我们怀着知足的心来面对身边的任何事物，才能感到世界如此的美好，生活如此的幸福。

人一生的旅途中，每走一步，都将会有不同的境遇，看到各色的风景。忽而艳阳高照，忽而阴霾雨雪。我们变换着不同的心态来适应各种各样的境遇。要知道世上没有十全十美的东西，我们不要过分注意生活的缺憾。否则，就会到处都是阴云淫雨，烦恼不尽。

所以，知足地享受当下的美丽，才能快乐常伴。

故事穿越

从前，有个年轻人，听说名利是位漂亮的姑娘，谁能找到她谁就是天下最幸福的人，所以他迷上了名利。并发誓，即使花上一生的时间，也要找到她。

他首先到那些充满哲理和智慧的书籍中去寻找名利的踪迹。结果他发现这些书籍对名利始终持批评否定的态度，并且一直排斥她。显然，名利不在书籍里。

之后又跑到宗教里去找名利。但宗教却宣称，许多幸福，包括名利在内，都是一个人在死后才能得到的，而活着的时候是应该舍弃的。这也不是他想要的答案。

他又转向大千世界去寻找。他每到一地方，就去问当地的人："你们见过名利吗？她在这里吗？"每次人们都回答："名利吗？是的，她来过这里。不过那是很久以前的事情了。她后来又走了，没有人知道她去了哪里。"就这样他用了许多年，找了许多地方，可是每次都得到同样的答复。

于是他转向大自然。他问树、问山、问森林、问海洋，还有花鸟鱼虫："你们知道名利吗？她在这吗？"然而答案依然令他失望："名利？是的，她来过。不过那是很久以前的事情了。她早已经走了。"

多年之后，曾经的年轻人已经衰老了，但他还在寻找名利。最后，他来到了世界的尽头，那儿有一个漆黑的山洞。老人走进去，居然发现山洞里有一个又老又丑的妇人。一个声音告诉他，这个妇人就是名利。

虽然极度失望，但他还是走到她面前问她："我一直在寻找你，开始时我还是个年轻人，现在我已经衰老了。许多人都像我一样期待着你，对你翘首以盼。可为什么你总是躲着我们，躲着这些执著追求你的人呢？求求你了，和我一起走出山洞回到世界上去吧。"名利没有回答他。

老人花了许多天来劝说名利，可名利始终不理睬他。当老人终于明白名利从未离开过她这个山洞之后，便无奈地说："那好吧。既然你不肯跟我一起走，那我就自己回去了。但在走之前，我有一个请求：你得给我一个口信，我把它转达给世人，好证明我确实见到过你。"

这时，名利，这位又老又丑的妇人，抬起头来，望着老人的眼睛，一字一顿地说："告诉他们，我年轻而且漂亮。"

故事微语

名与利，本就是空，是人们对于幸福产生地错觉。可惜多数人只有在为之奋斗、追逐了一生之后才会恍然大悟，明白其中的道理。

很多人都在名利的诱惑下失去了自我，将自己置于牢笼之内。其实，名利如浮云，追到头来也是一场空。抛开名利，人的内心才得以清净，这才是人生的境界。

心灵箴言

退一步安乐法，说三个好喜欢缘。

——苏轼

人生由来不满百，安得朝夕事隐忧。

——于谦

草色人情相与闲，是非名利有无间。

——杜牧

宽怀大度一些，机会便多了，世界也大了；偏狭小气，机会便少了，世界也小了。

——佚名

世上本无事，庸人极喜自扰之

故事话题

陆象先是唐朝一个很有气量的人。太平公主专权时，宰相萧至忠、岑义等大臣都投靠她，只有陆象先洁身自好，从不去巴结。

先天二年，太平公主事发被杀，萧至忠等被诛。受这件事牵连的人很多，陆象先暗中化解，救了许多人，那些人事后都不知道。

先天三年，陆象先出任剑南道按察使，一个司马劝象先说："希望明公采取些杖罚来树立威名。要不然，恐怕没人会听我们的。"象先说："当政的人讲理就可以了，何必要讲严刑呢？这不是宽厚人的所为。"

先天六年，陆象先出任蒲州刺史。吏民有罪了，大多开导教育一番，就放了。录事对象先说："明公您不鞭打他们，哪里有威风！"

陆象先说："人情都差不多的，难道他们不明白我的话？如果要用刑，我看应该先从你开始。"

录事惭愧地退了下去。陆象先常常说："天下本来无事，都是人自己给自己找麻烦，才将事情越弄越糟(庸人自扰)。如果在开始就能清楚这一点，事情就简单多了。"

故事解析

烦恼就像一根打了结的绳子，一头牵着自己，一头牵着他人。我们越是和烦恼过不去，这个结就会越牵越紧，烦恼也就越来越多。

如果为了这些烦恼消耗我们大量的精力和时间，我们怎么能热情地、全力以赴地投入到工作中去呢？又怎么能较快地获得梦想中的成功呢？所以，让烦恼只留五分钟，这是及时解"结"的好办法。

故事穿越

有一个年轻的农夫，划着小船，给另一个村子的居民运送农产品。那天的天气酷热难耐，农夫汗流浃背，苦不堪言。他心急火燎地划着小船，希望赶紧完成运送任务，以便在天黑之前返回家中。

突然，农夫发现有一只小船向自己迎面快速驶来。眼看两只船就要撞上了，但那只船并没有避让的意思。

"让开，快点儿让开，再不让开你就要撞上我了！"农夫大声向对面的船吼叫道。但是，他的吼叫完全没用，尽管他手忙脚乱地企图让开水道，但为时已晚，那只船还是重重地撞上了他。

农夫被激怒了，他厉声斥责道："你会不会驾船，这么宽的河面，你竟然撞到了我的船！"当农夫怒目审视那只船时，他吃惊地发现，小船上空无一人。

故事微语

在多数情况下，当你责难、怒吼的时候，你的听众或许只是一艘空船。很多时候，世事并不像有的人想象的那样糟糕，有些本来不值得放在心上的事，有的人却把它当成无法排遣的烦恼而郁闷在心，以至于整天愁眉不展。其实，人生的很多烦恼都是自找的。

先哲说：世界上最宽广的是海洋，比海洋更宽广的是天空，而比天空更宽广的是人的心灵。一个心胸辽阔澄明的人，是不会有那么多烦恼的。诚然，不是一切烦恼都是自寻的，但外因毕竟只是条件，内因才是根据。倘若心灵一片光明灿烂，那烦恼与苦痛便会远遁他乡。

生命是一段匆匆而过的旅程，只有把握好我们已有的一切，才能拥有一个实实在在的美好人生。

心灵箴言

痛苦的秘密在于有闲工夫担心自己是否幸福

——[爱尔兰] 萧伯纳

菩提本无树，明镜亦非台。本来无一物，何处惹尘埃。

——《六祖坛经》

做一个简单的人,踏实而务实。不沉溺幻想，不庸人自扰。

——佚名

生活真像这杯浓酒，不经三番五次的提炼呵，就不会这样可口！

—— 郭小川

post

第四篇

找寻幸福：紧握住舍得带来的快乐

人生在世，想得到的东西实在太多了，这是人的本性，但是，欲壑难填，欲望常常使人只得不舍，或者对“舍”把握不定，把握不住什么是该舍的。不懂舍与得之间的关系，该舍的不舍，因此该得的也得不到。

舍得是一种淡然幽香的境界

故事话题

有一位父亲是一名数学老师。那天，父亲在外面吃喜酒，回来时带回了些糖果给儿子，儿子拿出一颗正要剥开来吃，就被父亲叫住了。他从糖果包里数出 17 颗，一颗一颗地摆在桌面上。他要儿子把这 17 颗糖果分成三份，第一份是桌上糖果的一半，第二份是 1/3，第三份是 1/9。这下可把儿子难倒了，17 不能被 2、3 和 9 整除，怎么也不可能按父亲的要求分开的。

父亲见状，在一旁叹了一口气说："要是有 18 颗糖果就好分了。"儿子还不算太笨，一听这话，知道是父亲在提醒自己，赶紧把那颗还没来得及吃的糖果拿出来，凑成了 18 颗。难题迎刃而解。

后来，父亲对儿子说："孩子，这下你应该知道了吧，解这道题的关键是你必须舍得。你要是舍不得把手里的糖果拿出来，你就永远不可能解开这道题的；你要是舍得，你就很容易地解开这道题。解题是如此，与人相处何偿不是如此呢？孩子，你要记住，人生也是一道题，时时处处你都必须舍得。"

故事解析

忘记是一种风度，舍得是一种智慧。舍得拿出自己的快乐，一份快乐会变成好多快乐；舍得拿出自己的真诚，就总会遇到坦诚相待的人；舍得拿出微笑，收到的回报会都是一张张笑脸；舍得拿出信任，身边的朋友就会越来越多；舍得拿出爱，满眼都会是爱的风景。

人要想让自己的一生过得幸福快乐，就必须记住该记住的，忘记该忘记的，改变能改变的，接受不能够改变的。这不仅是一种胸怀，更是一种境界。忘记是一种心灵超脱的修养，舍得就是一种心灵的升华；忘记是一种优秀的品德，舍得就是一种绝好的心态；忘记是一种对生活的态度，舍得就是一种为人处事的最高境界。

正所谓：宠辱不惊，闲看庭前花开花落；去留无意，漫随天外云卷云舒。靠得住，实为可贵，珍惜的事务切勿忘记；丢得下，实为应该，废弃的东西应早摒弃。忘记别人对自己的不敬，牢记别人对自己的恩惠和帮助；忘记自己过去的辉煌和成就，铭记今天的责任。

学会舍得，舍得身外的名利和虚荣，舍得一时的风光和潇洒，舍得诱人的利益和荣誉。只有懂得舍的人，才能获得卓越的成就。

故事穿越

从前有一个农民名叫帕霍姆，为了养家糊口，他辛勤劳动，但一直苦于没有自己的土地。后来，一个偶然的机会，他在邻村一位夫人那里筹钱买来了 50 公顷左右的地。但他仍然不满足，事后，帕霍姆卖掉土地、田产和牲口，获了不少利，然后把全家迁往新地方。帕霍姆的生活比以前强了 10 倍，他买了大片的耕地与草场，还养了许多牲口。起先，由于忙于盖房定居，帕霍姆对一切还比较满意，但在他习惯了这里的一切之后又开始不满足了。

终于有一天，有位土地商经过时告诉帕霍姆，自己从巴什基尔仅用一千卢布就买下了 500 多公顷的土地，只需要与那里的头领搞好关系即可。于是帕霍姆把田产交给自己的家人看管，然后带着一个仆人启程了。

按照那位商人的建议，他们在途中的一个小镇上买了一盒茶叶、几瓶葡萄酒及一些别的礼物。走了 7 天，他们来到了巴什基尔人搭帐篷的地方。见到那位头领，帕霍姆就将自己的心愿告诉了他。首领对帕霍姆说道：“就这样吧，你想选哪块地就选哪块地，这种地我们有很多。一天

1000 卢布，你一天走多远，走过的土地都是你的。”

帕霍姆吃了一惊，觉得这是天大的机会，一天之内可以走过很大一片土地。于是第二天，帕霍姆开始了为时一天的丈量。

起初，帕霍姆走得不慌不忙。走了 1000 码后，他停下来在地上挖了一个坑并在上面堆了一些草做记号，然后继续向前走。不一会儿，他又挖了一个坑。渐渐地，太阳越来越烈，他脱下外套，搭在肩上继续往前走。

他总觉得不能白来这一趟，一定要获得足够多的土地才行。于是就一直走，一直走，直到身上的食物和水全用光，他发现自己已经走得太远了。眼看太阳就要落山了，帕霍姆竭尽全力地往回赶，一边跑一边责怪自己的贪心。

最终，帕霍姆在太阳落山之前赶回了起点，只可惜他耗尽了生命的最后一口气，吐血身亡了。最终，他得到的，也不过是 6 英尺那么一小块自己的坟地。

故事微语

舍得某种精神，就有可能得到某种物质；舍得某种物质，就有可能得到某种精神。而有些人就是为了两片薄面而争，为了一条贱命而战，一身虚荣，一身醋味，一点都不值得。舍得舍得，有舍就有得；得失得失，有得就有失。人世间就是这么奇妙，你又何须苦苦追寻一个目标。放得下，才能走得远，有所放弃，才能有所追求。

什么也不愿放弃的人，反而会失去最珍贵的东西。有一句很经典的话：当你紧握双手，里面什么也没有；当你打开双手，世界就在你手中。懂得放弃，才能在有限的生命里活得充实、饱满、旺盛。

心灵箴言

舍鱼而取熊掌者也。

——《孟子·告子上》

夫唯不争，故天下莫能与之争。

——老子

管仲之取舍,非周公旦未可知也。

——《韩非子·难二》

如烟往事俱忘却，心底无私天地宽。

—— 陶铸

理想的人物不仅要在物质需要的满足上，还要在精神旨趣的满足上得到表现。

—— 黑格尔

“糊涂”一些，计较越少快乐越多

故事话题

“汉初三杰”之一的萧何是一个拥有人生大智慧的“糊涂”人。他精通儒家谨慎、勤政的窍门，也懂得为人艺术，以至于侍奉大杀功臣、不念旧情的刘邦也能得以善终。

当时，萧何在刘邦论功行赏时，位列第一，封为宰相，许多将军都不服气。但更多的人都是在向他登门道贺，奉承有加，可他并没有得意，而是听取了召平的意见，看到了将来的形势，即灾祸可能由此发生。

皇帝率兵离开京城去打仗，却增封自己为宰相，手握兵权。这一方面是为了示好，另一方面也是为了试探自己，这表明皇帝已经不再信任自己了。于是，萧何毅然决然地听取了召平的建议，辞退增封，捐献出自家的财产充当军费。皇上听了很高兴，心中的杀机也暗暗压了下去。

黥布叛变时，高祖皇帝带兵亲自讨伐。萧何留在后方便勤勤恳恳、兢兢业业，全力安抚老百姓，稳固民心。有人见他如此投入，便替他担心，劝慰他：“相国可要小心，不要招惹杀身之祸。您入关十几年来，已经收揽了百姓的心，他们都是打心里敬重您的。陛下已经察觉出您是众望所归，已经开始派人打听您的动向了，唯恐您有谋反背叛之心。如果您要想保全家人的性命，就要破坏自己的声望，才能使陛下安心。”

萧何仔细一想，却是事实。于是，便忍痛欺压百姓，大肆没收百姓的土地钱财。最后闹得百姓怨声载道，萧何的威信与名望也就下来了。并且，萧何还故意在小事上咄咄逼人、斤斤计较，刘邦一看便以为这是个胸无大志之人，也就再一次对他解除了杀机。

故事解析

此愚者，似愚而非愚也。所以说，“愚”只是一种表象，一种策略，而不是真正的愚蠢。在这种“愚”的表象下，隐藏着真正的大智慧。同样，真正具有大智慧的人给人的印象往往都是带有点愚钝的。所以，我国才有了“大智若愚”这个成语。

历史上，真正能做到如萧何这般“糊涂”的人又能有几人？过犹不及，世事无常。封侯拜相，权倾朝野，可仍不一定能保全得住自己的性命。乱世之中，唯有大智若愚之人才能逢凶化吉，化险为夷。

故事穿越

三国时期，曹操的谋士荀攸能力超群，谋略过人。他助曹操征张绣、擒吕布、战袁绍、定乌桓，为曹氏效犬马之劳，对北方的统一作出了重要的贡献。同时，他在朝50余年，对政治旋涡中各种复杂的关系都能从容应对，在极其残酷的人事倾轧中，始终能立于不败之地。

他之所以能够在官场之中游刃有余，关键就在于他能“谨以安身，避招风雨”。曹操有一段话精辟而又形象地反映了荀攸做人的这一策略：“公达外愚内智，外怯内勇，外弱内强，不伐善，无施劳，智可及，愚不可及，虽颜子、宁武不能过也。”可见荀攸的智谋之深。对敌对己，对内对外，态度迥然不同。参与军事策划，他智慧过人，计谋高深；迎战敌人，他一马当先，临危不惧；但对曹操、对同僚，不争不夺，表现得极为谦卑、愚钝。

有一次，他的亲戚辛韬问他当年为曹操夺取冀州的情况，他却极力否认自己的贡献，并表示自己什么都没做。

他替曹操“前后凡划奇策十二”，史家赞他是“张良、陈平第二”，但他却始终避免提及自己卓越的功勋。他与猜忌心极重的曹操相处20年，却能深得宠信，从不见有人跟曹操进谗言妄图加害于他，也没有一次得罪过曹操。

建安十九年，荀攸在征战途中死去，曹操知道后居然痛哭流涕，说：“孤与荀公达周游二十余年，无毫毛可非者。”并赞誉他为谦卑的君子。

故事微语

但凡有所成就的人，必定知难易，懂进退，一颗宽厚之心中夹杂随机应变的智慧与谋略，在鱼龙混杂的社会之中左右逢源，糊里糊涂却总是笑到最后。其实，在生活中要做到糊涂并不难，关键是如何做到“该糊涂时

糊涂，不该糊涂时决不糊涂”，掌握好这个度，必定能在人生的道路上游刃有余。

古人云：大智若愚，大巧若拙。这句话的意思就是说真正拥有大智慧的人，往往都表现得蠢钝不堪，身手矫健敏捷的人也都佯装得臃肿笨拙。其实，这正是明人的“聪明”所在。那种明察一切却不点破的淡然处世，为自己免去了多少争端与祸患，只有他们自己清楚。

大智若愚，不是装腔作势、故弄玄虚，而是一种处世待人的方式，即宠辱不惊，临危不乱，隐而不显，从容不迫，看透而不点透的高明之举。

由此可见，聪明是一门学问，而糊涂却是一门比聪明更为高深的学问。聪明过头就会招致不必要的麻烦，所谓“聪明反被聪明误”就是这个道理。而“糊涂”的轻与重都是无所谓的，别人也不会对你有防范、陷害之心，反而会使你过得更加安逸。所以说，糊涂其实是一种大智慧。

心灵箴言

快乐不在于事情，而在于我们自己。

——[德] 理查德·瓦格纳

为了生活中努力发挥自己的作用，热爱人生吧。

——[法] 罗丹

所谓的快乐，是指身体的无痛苦和灵魂的无纷扰。

——[美] 伊壁鸠鲁

真正的快乐是内在的，它只有在人类的心灵里才能发现。

——[德] 布雷默

聪明难，糊涂难，由聪明而转入糊涂更难，放一著退一步，当下心安，非图后来福报也。

——郑板桥

舍弃欺骗，以诚待人获真情

故事话题

据《玉泉子》一书记载，吕元膺任东都留守时，有位处士常陪他下棋。有一次，两人正对局，突然来了公文，吕元膺只好离开棋盘到公案前去批阅公文，那位棋友趁机偷偷挪动了一个棋子，最后胜了吕元膺。

其实吕元膺已经看出他挪动棋子了，只是没有说破。第二天，吕元膺就请那位棋友到别处去谋生。别人都不知道辞退他的原因，他自己也不知道为什么被辞退。临走时，吕元膺还赠送了钱物。

吕元膺之所以要辞退这位棋友，是由于他从这位棋友挪动一个棋子、搞了一个奸诈的小动作中发现了他的不诚信。诚信者，真诚守信之谓也。诚信，是人生的无形资产，是思想道德的重要组成部分。“人无信不立”，不诚信的人，不可能做好人，也难处世。与没有诚信的人交往，是十分危险可怕的。

故事解析

挪动一个棋子，看起来是一件微不足道的小事，似乎不值得认真。但小事不小，小中可以见大。诚信，是一种美德，是一种可贵的善良；而不诚信，却是一种恶德，世间的无数不幸和灾祸的根源，无不是由恶德所滋生、引发的。

“人无信不立”，这是当今社会都知道的一句话。而真正做到这句话的人并不多，多半都只是挂在嘴边，不去实施的，只是形式上的理解会意罢了。金钱主导一切的今天，诚信似乎在某些人的眼里越发变得一文不值。而“小成在智，大成在德”，立世以诚，待人以诚，做事以诚。诚信是生命的动力，是生命的源泉，是人在危急时刻的最后一根救命稻草。

故事穿越

快下班时，百事可乐公司的总裁卡尔·威勒欧普接到市长邀请他参加晚宴的电话，他毫不犹豫地谢绝道："很抱歉，我已经说好今天晚上陪女儿过生日。我不想做一个失约的父亲。"

走出办公大楼，卡尔给女儿买了生日礼物，驱车直奔市中心新开业的游乐园，去那里与妻子一道为女儿过生日。为避免打扰，卡尔和妻子都关闭了手机，他们全身心地陪伴着女儿，开心地享受着这个愉快的节日。

卡尔正兴致勃勃地看着女儿吹灭红红的蜡烛并开始切分蛋糕，他的助理急匆匆地赶来了。他把卡尔叫到旁边，小声汇报——有一个本公司非常重要的客户，很想在这个晚上与他见一面。

"可是，我已答应了女儿，今天整个晚上都陪在她身边。"卡尔面露难色。

"客户此前确实没有约定，他只在此地做短暂的停留，是临时决定要拜见总裁的……"助理委婉地建议道。

这下难倒了卡尔，一边是已经陪了两个小时、正玩得开心的女儿，而另一边是等待约见的公司重要的客户。卡尔没有犹豫，他转身告诉助理："我觉得我还是应该留下来陪女儿，你去接待一下客户，并替我转达真诚的歉意，跟他约好时间，届时我会亲自登门拜访。"

"卡尔先生，您是不是先去……"助理提醒总裁这个客户实在太重要了，丝毫不能得罪的。要不然就不会匆匆地找来了。

"爸爸，您先去忙工作吧，妈妈陪我一样很快乐。"得知内情的女儿十分理解父亲，催促父亲去见客户。

"不，我已说过，我不想做一个失约的父亲。今天晚上，市长的宴请和客户的约见，确实都很重要，但我一个月前向女儿许下的承诺更重要，谁都不能改变我作出的承诺。"卡尔一脸的坚定，让助理打消了继续劝说的念头。

第二天，卡尔上班做的第一件事，就是打电话向那位客户道歉，客户非但没有生气，反而由衷地赞叹道："卡尔先生，其实我要感谢您啊，是您用行动让我真切地记住了什么叫作一诺千金，我明白百事可乐公司兴旺发达的真正原因了。”此后，卡尔和这位客户竟成了非常亲密的合作伙伴，甚至在公司经营遭遇最大困难的时候，也不曾动摇彼此的信任。

故事微语

一个人诚实有信，自然得道多助，能获得大家的尊重和友谊。反过来，如果贪图一时的安逸或小便宜，而失信于朋友，表面上是得到了“实惠”。但为了这点实惠他毁了自己的声誉，而声誉相比于物质是重要得多的。所以，失信于朋友，无异于失去了西瓜捡芝麻，得不偿失的。

言而有信、一诺千金是我们的祖先代代相传的美德。信用既是一种无形的力量，又是一种无形的财富，还是连接友谊的无形的纽带。一个诚实的人，不论他有多少缺点，同他们接触时，心神会感到清爽。这样的人，一定能找到幸福，在事业上有所成就。这是因为以诚待人的人，别人也会以诚相待。

心灵箴言

诚实是人生永远最美好的品格。

——[苏联] 高尔基

诚实和勤勉应该成为你永久的伴侣。

——[美] 本杰明·富兰克林

你必须以诚待人，别人才会以诚回报。

——李嘉诚

诚实比一切智谋更好，而且它是智谋的基本条件。

——[德] 康德

舍弃自卑，每个人都有独特的闪光点

故事话题

罗忠福在少年时代曾为自己出身于资本家的家庭而自卑过。从中学时代，他就开始饱尝他人的歧视，以及被批判的屈辱。读了半年大学，因为家庭成分问题而被当地卡住户口，被迫痛苦退学。

20 岁时，他的父亲辞别了人世，母亲只好给人看孩子、洗衣服、挑煤以维持生活。母亲被迫干这种低贱的工作，使敏感的他深深感觉到人生的耻辱。25 岁时，他被分配到一家小工厂当合同工，“师傅”竟以成分讥笑他：“会读书有什么用，还不是给我这个不会读书的人当学徒？”

命运的不公、屈辱和刻薄，使他深感难以摆脱的自卑。一次，他在长江边徘徊，一待就是一天。他真想往长江中一跳，以死来解脱这折磨人的“自卑”与屈辱。

正是这个自卑得不想活的年轻人，发愤寻找人生的新道路。当他从文革牢狱里出来时，已经是 40 岁的人了，他从头开始，学习经商，不畏失败挫折，顽强奋斗十多年，终于成为亿万富翁，成为世界知名的中国民营企业家。

故事解析

从自卑中超越走向成功的例子，在世界知名人物中比比皆是。凡是做不成大事的人，心中都有自卑感。这种人在无心无力做一件有挑战性的事情时，常用的借口是自己能力达不到。这种人无法摆脱自卑的“纠缠”，也根本无法实现自己的理想。而成大事者，首先要做的一项工作就是拒绝与自卑纠缠，一脚把自卑踩得粉碎。我们可以称之为“战胜自卑法”。做不到这一点，即使你是神仙，也会终身平庸。

有句话说：“天下无人不自卑。无论圣人贤士，富豪王者，抑或贫农寒士，贩夫走卒，在童年时代的潜意识里，都是充满自卑感的。”但你若想成大事，就必须战胜自卑感。一个人自卑的特点是感觉己不如人，低人一等，轻视、怀疑自己的力量和能力，而这正是成大事者最蔑视的。

自卑作为一种消极的心理状态，人人都或多或少有些。轻微的自卑心理很容易超越，它可以很容易地升华为人的一种良好品格：谦虚谨慎，不骄不躁，从而转化为一种进取的动力。但能做到这点的人不多，大多数自卑者都碌碌无为。自卑心理重者更是如此。

故事穿越

获诺贝尔化学奖的法国科学家维克多·格林尼亚，是从另一种自卑走向成功的人。

格林尼亚出生于一个百万富翁之家，从小过着优裕的生活，养成了游手好闲、摆阔逞强、盛气凌人的放荡公子恶习。仗着自己长相英俊，挥金如土，任意地玩弄女人，直到遭到一次重大打击。

一次午宴上，他对一位从巴黎来的美貌女伯爵一见倾心，像见了其他漂亮女人一样追上前去。此时，他只听到一句冷冰冰的话：“请站远一点，我最讨厌被花花公子挡住视线。”女伯爵的冷漠和讥讽，第一次使他在众人面前羞愧难当。突然间，他发现自己是那样渺小，那样被人厌弃，一种油然而生的自卑感使他感到无地自容。

他满含耻辱地离开了家

庭，只身一人来到里昂，在那里他隐姓埋名，发愤求学，进入里昂大学插班就读，并谢绝一切社交活动，整天泡在图书馆和实验室里。

他的钻研精神赢得了有机化学权威菲得普·巴尔教授的器重，在名师的指点和他自己长期的努力下，他发明了“格式试剂”，发表了200多篇学术论文，被瑞典皇家科学院授予1912年度诺贝尔化学奖。

故事微语

人的自卑心理来源于心理上的一种消极的自我暗示，即“我不行”。正如哲学家斯宾诺莎所说：“由于痛苦而将自己看得太低就是自卑。”这也就是我们平常说的，自己看不起自己。

如果你的心灵是一棵树的种子，即便被人踩到了泥土里，总会有一天，它能长成参天大树。一半在地下扎根，一半在风中飞扬，一半洒落阴凉，一半沐浴阳光。不自卑，不折腾，不懈怠，不再懦弱，也不再抱怨，感谢成长，豁达处世。

心灵箴言

人生应该如蜡烛一样，从顶燃到底，一直都是光明的。

——萧楚女

一个人的价值，应该看他贡献什么，而不应当看他取得什么。

——[美] 爱因斯坦

无论何时，只要可能，你都应该“模仿”你自己，成为你自己。

——[美] 莫尔兹

路是脚踏出来的，历史是人写出来的。人的每一步行动都在书写自己的历史。

——吉鸿昌

舍弃嫉妒，将虚荣扼杀在摇篮里

故事话题

在年轻时，柏拉图就非常有智慧与成就。一天，他的一位朋友给他送了一把非常精致漂亮的椅子，以此作为礼物来表达对柏拉图的尊敬和肯定。

几天以后，柏拉图的很多朋友都到他家里做客，他们都看到了那把精致的椅子。当大家知道了椅子的来历之后，他们之中有一位突然站到了那把椅子上，并且一阵疯狂地踩踏。还一边说："看吧，把柏拉图的虚荣给踩个稀烂，这把椅子就是柏拉图心中的虚荣与骄傲！"

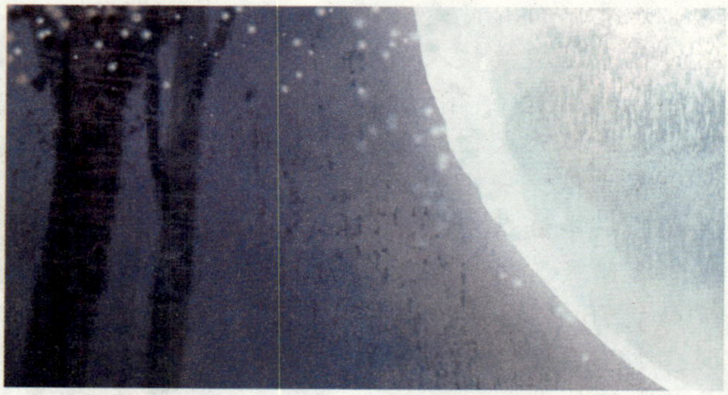

大家，包括柏拉图本人全都吓了一跳。但很快地，柏拉图就冷静了下来。只见他不疾不慢去拿了一块抹布，把被踩得脏兮兮的椅子擦拭干净，并请那位激动踩椅的朋友坐下，诙谐但具深意地说："谢谢您帮我踩掉心中的虚荣，现在我也帮您擦去心中的嫉妒，您可以心平气和地坐下和大家喝茶、聊天了吗？"

故事解析

当人们心中充满嫉妒，而不是对他人表示羡慕的时候，这个人就会变得可怕起来。或许其中有些人会尝试各种办法挑拨离间，损坏心中嫉妒的人，通过毁了他来让自己脱颖而出，这种作为不是正大光明的，即便是能够得到成功，也并非是凭借自己的真本事得来的，这样的成就，意义为零。

所以，要去品味，不要有酸味，用这样的态度去欣赏别人的优点，用这样的胸襟来看待别人的成就，用这样的原则来让自己进取，您将觉得无比的轻松、愉快和美好。

故事穿越

作品预展时，佛罗伦萨市民万人空巷，对他的创作叹为观止。

最后连佛罗伦萨市长也来参观了，众多权贵围在雕像前窃窃私语，等待市长发表意见。

市长傲慢地朝雕像看了几眼，问："作者来了吗？"

米开朗琪罗被人请到市长面前，市长说："雕石匠，我觉得这个石像的鼻子低了点，影响了整个雕像的艺术氛围。"

米开朗琪罗听罢说："尊敬的市长，我会按照你的要求加高石像的鼻子。"

说完，米开朗琪罗让助手取出工具，提着石粉对石像的鼻子进行加工。米开朗琪罗在石像的鼻子上抹着石粉。抹了一会儿，他来到市长面前，说："尊敬的市长，我已经按照你的要求加高了石像的鼻子，你看现在还行吗？"

市长看了看点点头说："雕石匠，现在好多了，这才是完美的艺术。"

市长走后，米开朗琪罗的助手百思不解，问："你只是在石像的鼻子上抹了三把石粉，石像的鼻子根本没有加高。"米开朗琪罗说："可是，市长认为高了。"

据说那尊石像还屹立在佛罗伦萨的街头，知道那尊石像来历的人都知道这样一句谚语：权贵的虚荣就是石像鼻子上的三把石粉。

故事微语

嫉妒，是最可怕的，但却也是最不易被自我给察觉的一种人性弱点。

就像看待一件艺术品，或是欣赏一幅美丽的画时一样，当我们在看待一些较杰出、有才华的人时，要用欣赏的眼光去看待，而不要总是酸、嫉在心，或是充满怨忿与不平衡。

一个心中怀有嫉妒的人，是享受不到快乐的，也不会激励自己去积极进取，智慧一味地用偏激的方式去处理，反而会一事无成。

相对地，若能对别人的长处与成就抱持着一种欣赏、健康的心态，不但不会抑郁于心，还会自然而然地见贤思齐，补己之不足，让自己潜移默化地变成一个随和且求进步的人。摆正态度去欣赏别人的优点，用宽大的胸襟来看待别人的成就，用这样的原则来让自己进取，您将觉得无比的轻松、愉快和美好。

心灵箴言

显示妒忌是对自己的羞辱。

——[俄] 叶甫图申科

嫉妒是一种可耻的感情，人是应当信赖的。

——[俄] 列夫·托尔斯泰

忌妒的人把时间和精力都浪费在了他人蓬勃发展的过程中。

——[古罗马] 贺拉斯

嫉妒心是荣誉的害虫，要想消灭嫉妒心，最好的方法是表明自己的目的是在求事功而不求名声。

——[英] 培根

第五篇

潇洒人生：碌碌红尘中不必自寻烦恼

人为什么会自由？为什么会潇洒？那是因为人可以不在乎。人的一生，只能被真正在乎的事情拘束住，如果你不在乎，那么，还能有什么可以束缚住你？看淡名利，看淡人世间的聒噪，乘物以游心，独与天地精神往来，做好自己，走好每一步。

得失随缘，得不喜失不忧

故事话题

战国时期有一位住在边境的老人，他养了许多马。一天，马群中忽然有一匹马走失了。邻居们听到这件事，都来安慰他。没想到老人却对前来劝慰他的人笑着说："丢了一匹马没什么，没准还会带来福气。"

邻居们听了老人的话，心里觉得好笑。马丢了，明明是件坏事，他却认为也许是件好事，显然是自我安慰而已。可是没过几天，老人的话却得到了验证。丢失的马不仅自己回来了，还带回了一匹骏马。

邻居们向老人道贺说："还是您老有远见，马不仅没有丢，还带回一匹好马，真是福气呀！"

可是，老人反而没有一点高兴的样子。他忧虑地说："白白得了一匹好马，不一定是什么福气。也许会惹出什么麻烦来。"

邻居们不以为然，以为他故作姿态，明明心里高兴，嘴里却不说出来。

老人有个独生儿子，非常喜欢骑马。他发现被自家的马带回来的那匹马顾盼生姿，身长蹄大，嘶鸣嘹亮，很是喜欢，于是便每天都骑着出游，得意扬扬。

一天，他高兴得有些过火，打马飞奔，一个趔趄从马背上跌了下来，把腿摔断了。邻居们听说后，纷纷登门慰问。老人却说："没什么，腿摔断了却保住了性命，或许是福气呢。"众人觉得他又在胡言乱语，摔断了腿怎么算得上是福气呢？

可不久，老人的话又一次得到了验证。匈奴兵大举入侵，年轻人都被强征入伍，唯独老人的儿子因为断了腿，逃过了当兵的命运。后来，入伍的青年大都战死在沙场，老人的儿子因未入伍而保住了性命，和家人开心地生活在一起。

故事解析

“塞翁失马，焉知非福”，这就是上述故事告诉人们的一个哲理。

“祸兮福所倚，福兮祸所伏。”数千年前古代的哲人就深刻地揭示了得与失、福与祸之间的辩证关系。任何事物都具有两面性，得与失，福与祸，可以互为因果，相互转化。

生活中，我们总是会拥有很多东西，但同时也会失去一些东西。一个人不可能毫无失去就能完全拥有，那不是真正的生活，也没有了生活的意义。有时失去意味着另一种获得，让我们发现还有其他美好的事物依然存在。因此，这样的获得和存在会更让人珍惜。

人生在世，时时会有得有失。得与失从来都是相伴而生的。正如一位哲人所言：“得到了名利，就失去了普通人的自由；得到了财富，就失去了淡泊的欢怡；得到了事业的成功，就失去了生活的乐趣。同样，失去了利益，还有亲情的拥抱；失去了成功，还有再来的机会；失去了权力，还有人性的淳朴。”

故事穿越

法国科学家居里夫人与她的丈夫比埃尔，都是放射性元素的早期研究者，他们发现了放射性元素钋和镭，并因此与法国物理学家亨利·贝克勒尔分享了 1903 年的诺贝尔物理学奖。之后，居里夫人继续研究了镭在化学和医学上的应用，并且因分离出纯的金属镭而又获得 1911 年诺贝尔化学奖。

有一次，一名记者寻访居里夫人，当他走到村子里一座渔家房舍门前，正要向赤足坐在门口石板上的一位妇女打听居里夫人的住处时，妇女一抬头便惊到了他——原来她就是居里夫人。居里夫人闻名天下，但她既不求名也不求利。她一生获得各种奖金 10 次，各种奖章 16 枚，各种名誉头衔 117 个，但她并不在意这些。

有一天，一位朋友来她家做客，看见她的小女儿正在玩英国皇家学会刚刚颁发给她的金质奖章，于是惊讶道：“能够得到一枚英国皇家学会的

奖章是多么高的荣誉，你怎么能给孩子玩呢？”居里夫人笑了笑说：“我是想让孩子从小就知道，荣誉就像玩具，只能玩玩而已，绝不能看得太重，否则将一事无成。”

继居里夫人和她的丈夫获诺贝尔奖之后，由居里夫人培养成才的两对后辈也相继获得诺贝尔奖：长女伊伦娜是核物理学家，她与丈夫约里奥因发现人工放射物质而共同获得诺贝尔化学奖。次女艾芙是音乐家、传记作家，其夫曾以联合国儿童基金组织总干事的身份荣获1956年诺贝尔和平奖。

故事微语

居里夫人淡泊处世、冷对人生、得而不喜的人生境界，值得我们每一个人借鉴。人的成长，不在于有无得失，而在于学习如何有得有失。聪明的人从不担心失去什么，而会思考应该得到什么；愚笨的人则只惶惶于失去一丁点儿东西，而不曾思考自己真正要的是什么。

16 世纪法国的一位大思想家说过这样一句话：“什么都来一点儿的人，什么都得不到。”失去身外之物而不致失去自我的人，肯定会获得更多的机会；不曾失落任何东西的人，却可能会因为找不到自我而终至失去一切。

仔细想来，人的一生中，时常被某些无形的绳子牵住，某一阶段情绪不太好，或许正是自己给自己制造的问题。其实，人生中不如意事十之八九，摆正心态，得失随缘，不要过分地强求什么，不要一味地去苛求些什么，世间万事转头空，名利到头一场梦，想通了，想透了，人也就透明了，心也就豁然开朗了。

心灵箴言

得意淡然 失意坦然。

——马寅初

不以物喜，不以己悲。

——范仲淹

命里有时终须有 命里无时莫强求。

——《增广贤文》

宠辱不惊，闲看庭前花开花落；去留无意，漫随天外云卷云舒。

——洪应明

人生在世，得失乃寻常之事

故事话题

有一个国王与智慧大臣的故事，故事是这样的：

国王喜爱打猎。有一次在追捕猎物时，不幸弄断了一截食指。国王剧痛之余，立刻召来智慧大臣，征询他对意外断指的看法。智慧大臣仍轻松自在地对国王说，这是一件好事，并请国王往积极方面想。

国王闻言大怒，以为智慧大臣在幸灾乐祸，即命侍卫将他关进监狱。

待断指伤口愈合之后，国王又兴冲冲地忙着四处打猎，不料却被丛林中的野人活捉。

依照野人的惯例，必须将活捉的这队人马的首领献祭给他们的神。祭奠仪式刚刚开始，巫师发现国王断了一截食指，而按他们部族的律例，献祭不完整的祭品给天神，是会受天谴的。野人连忙将国王放下祭坛，驱逐其离开，另外抓了一位大臣献祭。

国王狼狈地回到朝中，庆幸大难不死。忽而想起智慧大臣曾说，断指是一件好事，便立刻将他从牢中释出，并当面向他道歉。智慧大臣还是保持他的积极态度，笑着原谅国王，并说这一切都是好事。

国王不服气地质问："说我断指是好事，如今我能接受；但若说因我误会你，而将你关在牢中受苦，难道这也是好事？"

智慧大臣微笑着回答："臣在牢中，当然是好事。陛下不妨想想，如果臣不在牢中，那么，陪陛下打猎的大臣会是谁呢？"

故事解析

由此可见，在得与失之间，无须不停地徘徊，更不必苦苦地挣扎，而应该用一颗平常心来看待：如果断了一条腿，你就该感谢上帝没有折断你两条腿；如果断了两条腿，你就该感谢上帝没有扭断你的脖子；如果断了脖子，那你也就没有什么好担忧的了。

生活中，我们总是会拥有很多东西，但同时也会失去一些东西。一个人不可能毫无失去就完全拥有，那不是真正的生活，也没有了生活的意义。有时失去意味着另一种获得，失去让我们发现还有其他美好的事物依然存在。也因此，这样的获得和存在会更让人珍惜。

富有人生沧桑经历的导师告诉我们：得到的时候，不要矫饰；失去的时候，不要言败。人生不仅要经得起成功的洗礼，更要受得住失败的考验。在得失成败之间，要有拿得起、放得下的气魄。

故事穿越

有一个婴儿，刚出生就夭折了；有一个中年人，刚发财就暴毙了；还有一位老人，刚抱上孙子就与世长辞了。后来，他们的灵魂在天堂中相遇，便互相抱怨起自己的不幸来。

婴儿对老人说："上帝太偏心了，你活了这么长时间，而我却根本谈不上活过。我失去的是整整一辈子。"

老人回答："孩子啊，你基本上不算得到了生命，所以也无所谓失去。谁接受生命的恩赐的最多，谁死去时失去的也就最多。长寿非福也。"

这时，中年人也掺和了进来："你们有谁比我惨？你们一个根本没活过，一个已经活够数了，我却在正当年时死去，把生命中最美好的部分都失去了。"

就在他们争论不休时，天堂的大门打开了。一个声音从前方传来："众生啊，那已逝去的过去和未来都不再属于你们了。你们又怎么算得上失去呢？"

这时，三个灵魂齐声喊道："上帝啊，难道我们中间没有一个人是不幸的吗？"

上帝回答道："不幸的人又何止一个？你们全都是，因为你们全都自以为所失很多，并在被这个念头所折磨，所以你们都是不幸的人。"

故事微语

很多人，总是摆脱不掉得失之间的利害关系，总是纠结于自己所失去的，殊不知，失去是必然，得到是上天的馈赠，才是偶然。

"踏破铁鞋无觅处，得来全不费工夫"是一种"得"；"众里寻她千百度，蓦然回首，那人却在灯火阑珊处"也是一种"得"。一个豁达开朗的人，能够把人生一切荣辱得失都看得清淡如水，不在乎是去是留，只关心庭前花开花落，宠辱不惊，淡然如天外云卷云舒，这才是一种恬淡自然的境界。因为心胸豁达的人必然明白，人生在世，得失乃平常之事。

得失也罢、贫贱也罢、祸福也罢、荣辱也罢、尊卑也罢，冥冥之中自有安排。一切得终将变成失，所以，你可以去追求，但却不能去强求。我们能做的只是勇敢地得，坦然地失。

心灵箴言

得失随缘，心无增减。

——《菩提达摩传》

是非审之于己，毁誉听之于人，得失安之于数。

——岳麓书院

当你做成功一件事，千万不要等待着享受荣誉，应该再做那些需要的事。

——[法] 巴斯德

名誉是一件无聊的骗人的东西：得到它的人未必有什么功德，失去它的人也未必有什么过失。

——[英] 莎士比亚

处在失意境地时不妨换种心态

故事话题

一位名叫塞尔玛的女孩为了自己的爱情，不顾家人反对，放弃了原来平静安逸的生活，嫁到了驻扎在一个沙漠的陆军基地里，因为那里有她深爱的男人。

丈夫白天到沙漠里去演习，她就一个人留在陆军的小铁皮房子里。那里的气候热得让人难以忍受，在仙人掌的阴影下也有摄氏 50 几度。身边只有墨西哥人和印第安人，他们不会说英语，没有人跟她聊天。

她非常难过，于是就写信给父母，说自己后悔了要丢开一切回家去。不久，她就收到了父亲的回信。信并不长，只有短短的几行字：“两个人从牢房的铁窗向外望，一个看到泥土，一个却看到了星星。”读完父亲的来信，塞尔玛觉得非常惭愧。她决定要在沙漠里找到星星。

塞尔玛开始和当地人交朋友了，她对他们的陶器、纺织都很有兴趣，他们也把自己最喜欢的纺织品和陶器送给她。塞尔玛还研究起那些引人入迷的仙人掌和各种沙漠植物，欣赏沙漠日落，海螺壳，这些海螺壳是几万年前当沙漠还是海洋时遗留下来的。

原来难以忍受的环境突然变成了令人兴奋、流连忘返的奇景。塞尔玛抑制不住内心的兴奋，并就此写了一本书，以《快乐的城堡》为书名出版了。

故事解析

本来注定了痛苦、茫然的一生，为什么突然间会发生这么大的改变呢？原因就在于，塞尔玛面对自己所作出的选择的态度，如果她还是一直沉浸在后悔之中，每天忍受着环境所带来的痛苦，那她绝不会找到沙漠之星。

不变的是环境，可变的是心态。在同一事物面前，与其消极、勉强地生活，不如积极地拥抱、热爱生活。这样，一路走来，我们就会发现，原来我们任何时候都是可以快乐的。

故事穿越

甲、乙、丙、丁是4个幸运的年轻人，他们都得到了上帝的垂青，可以搭上“愿望列车”，去选择自己的将来。“愿望列车”一共有4个站点，分别是金钱站、权力站、亲情站、健康站。甲、乙、丙、丁可以选择在任何一个站台下车。他们选择了哪一站，在经过努力之后，这方面的发展会特别的顺利和成功，而其他方面则会相对失败一些。

于是，4个人按照自己的意愿做出了自己的选择。甲在“金钱站”下了车，乙在“亲情站”下了车，丙在“权力站”下了车，丁在“健康站”下了车。

20年过去了，甲、乙、丙、丁四人不约而同地来向上帝倾诉。

甲说：“感谢上帝，我现在非常有钱，身价不菲。可是年轻时为了挣钱，透支了身体，到了这个年纪，身体总是有这样、那样的毛病。并且，因为常年经商在外，冷落了妻子，她也离我而去，妻子走了之后也没人管教儿子，现在儿子好吃懒做，成了扶不起的阿斗。我真的觉得自己很不幸，请问上帝，能否用我的钱把这些幸福买回来呢？”

乙说：“我很幸福，父母健康，妻子贤惠，儿女孝顺，可以说，我有一个和谐美满的家庭。可是我的压力却也很大，父母这把年纪都还没有外出旅游过，妻子也没有享受过戴钻戒的快乐，儿女工作都不是很好，到了结婚的年龄，却还没有钱去买房子。请问上帝，我能用亲情换些金钱，让家人更加幸福吗？”

丙说：“我十分有权，周围巴结奉承的人很多，可是他们当面说的是赞美的话，背后却是恶语谩骂。还有这些年的应酬越来越多，别人请吃饭，不去不行，因为他们说你有点权力就摆谱装蒜。坚持原则办事，秉公处理，亲戚说你六亲不认，朋友说你不讲义气；徇私舞弊，心里又

不踏实，总怕有一天会出错、进监狱。我多想拥有健康的身体和美满的亲情啊！”

丁说：“我身体非常健康，从没有去过医院，别人都羡慕我好福气。可我的妻子却总埋怨我不知进取，不知拼搏，没有魄力，像猪一样活着，永远也过不上住别墅、去国外度假的日子。我常常为此烦恼。请问上帝，我能不能用我的健康换些权力或是金钱呢？”

上帝看了看这4个人，指了指天上自由飞翔的小鸟，又指了指笼中欢快歌唱的小鸟说：“人，其实同鸟一样，天上的鸟儿快乐，在于它快乐地面对了自己的选择。它选择了与外界的生存环境搏斗，就勇于品味这其中艰辛的味道，所以它快乐。笼中小鸟的快乐，在于它选择了丰衣足食，安逸的生活，就敢于果断地放弃自由的权力，所以它也快乐。而你们之所以不快乐，就是选择了笼子外面的自由，却还奢望笼子里面的安逸；选择了笼子里面的安逸，却还惦记着笼子外面的自由。所以说，若想真正得到快乐，就必须要用快乐的心态去面对你们的选择。”

故事微语

甲乙丙丁，都选择了自己想要的，但是又在不停地追悔自己的选择。而现实是，生活不可能十全十美，你选择一些，就要放下一些。所谓“世事岂能尽如人意”就是这个道理。

英国作家萨克雷在他的小说《名利场》中有一段话：“我觉得一个人如果遭到大家嫌弃，多半是自己不好。这世界是一面镜子，每个人都可以在里面看见自己的影子。你对它皱眉，它还给你一副尖酸的嘴脸；你对着它笑，跟着它乐，它就是个高兴和善的伴侣，所以年轻人必须在这两条道路里面自己选择。”忘却烦恼，选择快乐，快乐的选择，方能一直快乐下去。如若一味看自己没有的，在别人的阳光中看待自己的生活，是不可能获得快乐的。选择快乐，快乐选择，是一种良好的快乐循环。

人生的快乐与否，就在于我们自己如何看待自己的选择。若你的心是快乐着的，那么你的生活也必然会快乐。既然选择已经做出，就不要后悔，坚定自己的信念，不要让世俗的尘埃蒙蔽了自己的双眼，也别让功利的枷锁套牢住了我们的心灵，这样一来，你就会发现，原来幸福本就在我们身边，唾手可得。

心灵箴言

如烟往事俱忘却，心底无私天地宽。

——陶铸

当你的希望一个个落空，你要坚定，要沉着！

——[美] 朗费罗

生活只有在平淡无味的人看来才是空虚而平淡无味的。

——[俄] 车尔尼雪夫斯基

人生有压力不一定是坏事，有压力才会有动力。很多功成名就是逼出来的。

——方海权

微笑是生活中的绚丽彩虹

故事话题

威廉·史坦哈已经结婚18年多了，在这段时间里，从早上起来，到他要上班的时候，他很少对自己的太太微笑，或对她说上几句话。史坦哈觉得自己是百老汇最闷闷不乐的人。

后来，在史坦哈参加的继续教育培训班中，他被要求准备以微笑的经验发表一段谈话，他就决定亲自试一个星期看看。

现在，史坦哈要去上班的时候，就会对大楼的电梯管理员微笑着，说一声“早安”；他以微笑跟大楼门口的警卫打招呼；他对地铁的检票小姐微笑；当他站在交易所时，他对那些以前从没见过自己微笑的人微笑。

史坦哈很快就发现，每一个人也对他报以微笑。他以一种愉悦的态度，来对待那些满肚子牢骚的人。他一面听着他们的牢骚，一面微笑着，于是问题就容易解决了。史坦哈发现微笑带给自己更多的收入，每天都带来更多的钞票。

史坦哈跟另一位经纪人合用一间办公室，对方的职员之一是个很讨人喜欢的年轻人。史坦哈告诉那位年轻人最近自己在微笑方面的体会和收获，并声称自己很为所得到的结果而高兴。那位年轻人承认说：“当我最初跟您共用办公室的时候，我认为您是一个非常闷闷不乐的人。直到最近，我才改变看法：当您微笑的时候，充满了慈祥。”

故事解析

微笑，是一个最美好的动作，微笑可以净化一切。微笑可以让人握手言和；微笑可以让人拥有一天的好心情……

赠人玫瑰，手有余香。你可以用微笑帮助更多的人，让更多的人拥有一天的好心情，带着微笑去做自己应该做的事情和力所能及的事情，一定会事半功倍。愤怒着面对生活的话，自己没有好心情，还会影响别人，做事也会事倍功半。

既然生活不会因为我们而改变，每一天总是要度过，那我们不如微笑着度过吧。

故事穿越

晓鹃，毕业于一家有名的师范学院中文系，走上工作岗位已经整整两年了。在看到出没在各大人才市场求职的、那些行色匆匆的求职者们，她就不由得想起了自己的求职和工作经历。

晓鹃现在的这份职业是她到广州的第三份工作了。回想当时，自己孤身一人、远离家乡到广东求职时，晓鹃心情无法平静。当时在广州的一家市报上看到一则招聘广告，正好是晓鹃感兴趣并且擅长的广告、设计型公司，于是晓鹃抱着试试看的态度，按照招聘广告上的联系方式，向用人单位发了一个求职电子邮件，然后上网找到用人单位的网站，详细了解了一下该用人单位的信息。

几天之后，晓鹃就意外地接到了该广告设计公司人事部经理的电话，要她在第二天下午到广告公司参加集体面试。当人事部经理问晓鹃几点可以达到时，说：“下午三点”。晓鹏想自己对用人单位所在的地址不是太熟悉，约迟一点的时间可能会更充裕一点。当天晚上，晓鹏9点多钟就上床睡觉了，以便第二天能保持一种充沛的精神风貌。

第二天下午一点半午睡起床后，晓鹏就把自己的求职简历和相关的各种资料整理好，按自己想象的需要次序放入到背包中，然后再去冲凉、穿上整洁干净的衣服，并对着梳妆镜子仔细检查一下自己的仪表，自我感觉还不错。于是，提前一个小时就出发了。

到了用人单位所在的办公楼下，晓鹏很有礼貌地向保安打听清楚了“人事部”所在的楼层，接着又打开了背包，看了一下所带的求职资料，然后进行了一下深呼吸，安定一下自己的紧张心情，就腰杆笔挺、自信十足地准时敲开了用人单位的大门。

后来，晓鹏就成了这家广告公司的一名正式员工。工作以后的一次偶然机会，晓鹏向总经理问道，在那么多参加应聘的求职者中，总经理为什么会选择了她？总经理的回答有些出乎晓鹏的意料，“你的微笑感染了我，通过微笑，我能看到你有一种其他求职者不具有的自信。”原来是这样的，晓鹏起初还以为是自己的名牌大学学历和自认为不错的能力是求职的绝对资本呢。

故事微语

从上述晓鹃的成功案例中，我们不难发现，求职者要学会对人微笑，经常微笑。微笑不仅能够展示自己的自信，也向用人单位传递了一个积极的态度，善于微笑的求职者获取职业的机会总是比较多的。

微笑意味着成功，微笑富有魅力，招人喜爱。微笑被人誉为“解语之花，忘忧之草”。原一平说：走向成功的路有千万条，微笑和信心只是助你走向成功的一种方式，但这又是不可或缺的方式。一位职场成功人士曾半开玩笑地道出他的成功秘诀：“如果长相不好，就让自己有才气；如果

才气也没有，那就总是微笑。”其实,搞教育的人都清楚，能够把你的学生吸引过来，这是很大的成功，而“微笑是最好的名片”。

微笑来源于成功，微笑取决于胜利。微笑蕴含着幸福，微笑饱含着生机。微笑中充满了永恒与希望，微笑里洋溢着美好与朝阳。微笑，也许不会喜形于色，而是埋藏心底，需要你去发现它，去挖掘它。

微笑着走向成功，古龙曾经说过:微笑时可以应付一切的表情——冷漠、热情、嘲讽、仇视、关怀、成功、失败……确实,微笑可以使一切的困难迎刃而解，微笑是激励人走向成功的一种力量。

当你成功时，你是快乐的，高兴的，激动的。但走向成功的路却是那样坎坷，那样艰辛，那样困难。所以，你只有微笑着去面对。其实，我们无论做什么事，都应该从心底微笑着去做。因为只有从容镇定，才会帮助你走向成功。

心灵箴言

笑是一种没有副作用的镇静剂。

——[意] 格拉索

真正的笑，就是对生活乐观，对工作快乐，对事业兴奋。

——[美] 爱因斯坦

一个没有受到献身的热情所鼓舞的人，永远不会做出什么伟大的事情来。

——[俄] 车尔尼雪夫斯基

笑实在是仁爱的象征，快乐的源泉，亲近别人的媒介。有了笑，人类的感情就沟通了。

——[英] 雪莱

放下重装，你将会走得更远

故事话题

有位青年，独自背着一个大包裹，千里迢迢跑来找无际大师，他说：“大师，我那么孤独、无助和寂寞，长途跋涉使我痛苦到了极点。我的鞋子破了，荆棘割破双脚；手也受伤了，流血不止；嗓子因为长久的呼喊而喑哑，为什么我还不能找到心中的阳光？”

大师问：“孩子，你的大包裹里装的是什么？”

青年说：“包里全是我每一次跌倒时的痛苦，每一次受伤后的哭泣，

每一次孤寂时的烦恼，靠着它，我才能走到您这儿来，所以很重要。”

无际大师带青年来到河边，他们坐船过了河。上岸后，大师说：“你扛着船赶路吧。”

“什么，扛着船赶路？”青年目瞪口呆，“它那么沉，我扛得动吗？”

“没错，孩子，你扛不动它。”大师微笑着说：“过河时，船是有用的。但过了河，我们就要放下船赶路。否则，它会变成我们的包袱。痛苦、孤独、寂寞、灾难、眼泪，这些经历能使生命得到升华，但念念不忘，就成了人生的包袱。孩子，放下你的包裹吧，生命不能太负重。”

于是，青年放下了包袱，继续赶路。他发觉自己的步伐轻松无比，心情愉悦开朗。原来，生命是可以不必如此沉重的。

故事解析

放下沉重的包袱，不为贪婪所迷惑，不为钱财所伤神。这样的人生，自然是轻松而快乐的。人生往往如此，拥有的越多，包袱也就越重。

譬如一架飞机，当油量不足时，千万不可放弃生存的希望，我们可以丢掉一些包囊，让飞机顺利降落。“放下”一点，便轻松无比，行动起来自然更加有力。我们行动的停滞或受阻往往是由于思想的“包袱”太重而又舍不得丢掉一些所导致的，只要放下思想的包袱，我们的行动就会有“轻舟已过万重山”的快感。

“放下包袱，轻松前行”，我们要积极面对我们的生活，放下精神和物质的“包袱”，以一种超然的态度去看待人生、创造人生、享受人生。

故事穿越

有这样一个有名的故事：从前，在阜平的一个小山村里，有兄弟两个在父母过世后分家产，身强力壮的老大要把家里的好田、好地，大房大屋，大骡子大马分到自己名下，而把一些山边坡地，几间烂草房和小猫小狗分给老二。

老二明明知自己被欺负，也是敢怒不敢言。他分到的房子根本不能住，地也不能种，日子无法进行下去，老二便跑到父母的坟前痛哭，哭了三天三宿，肝肠寸断。

忽然，有一只硕大的神鸟翩翩而至，落在老二面前问道："孩子，发生了什么事，你竟哭得这样伤心？"于是老二就把自己的遭遇一五一十地全都告诉了神鸟。神鸟决定帮助老二，说晚上三更，要带老二去一个地方。

果不其然，神鸟将老二带到了一座金山上，对老二说："这座山上有许多金子，你可以捡一些回去，不过要快点，我们要在太阳出来之前离开这里，不然的话我们就会被太阳晒死。"

老二睁开眼睛，看到面前的这座山上金光闪闪，一些金锭、金块散落在山上。老二跑到山上，就近捡了一些金子放在口袋里，老二本不是一个贪心的人，觉得有这些金子加上自己辛勤劳动，日子一定会好起来的。他对神鸟说："这些就够了，我们快走吧，要不太阳快出来了。"神鸟背起老二就飞回去了。

后来，老二捡到金子的事被老大知道了，于是他也要学老二的样子，穿上破烂的衣服，跑到坟上去哭，一直哭了三天三夜，果然那只神鸟又飞来了，老大就编了一个相当悲惨的故事，讲给神鸟听，并且把神鸟感动得一塌糊涂，神鸟决定带老大去金山捡金子。但是贪心的老大最终没有在太阳出来之前离开，最后被烧死在金山上。

故事微语

万事万物原本就随着世界的变迁而变化，可世人却总是试图牢牢地抓住现在、不愿改变，于是烦恼接踵而至。如果这时能放下身上的包袱，便能解开精神上的枷锁，生活就会逍遥自在。

“放下”不代表“放弃”，“放下”是丢掉生活中无足轻重的东西。不要因为一点点与目标无关的小事使自己的身体和心理承受不必要的压力，“放下”便是为自己打开一扇通向光明、通向成功的窗户，放下不必要的包袱便是选择了一条豁然开朗的生命之路，能放下的人必是大智大慧之人，才能且歌且行，潇洒人生。

心灵箴言

人无远虑，必有近忧。

——孔子

先天下之忧而忧，后天下之乐而乐。

——范仲淹

智者千虑，必有一失；愚者千虑，必有一得。

——《史记·淮阴侯列传》

无论什么时候，不管遇到什么情况，我绝不允许自己有一点点灰心丧气。

——[美] 爱迪生

心灵榜样微史话

鲁迅

鲁迅，伟大的无产阶级文学家、思想家、革命家。原名周樟寿，后改名周树人。字豫亭，后改为豫才，浙江绍兴人，出身于封建家庭。青年时代受进化论、尼采超人哲学和托尔斯泰博爱思想的影响很深刻。

鲁迅原在仙台医学院学医，后从事文艺工作，希望用以改变国民精神。辛亥革命后，曾任南京临时政府和北京政府教育部部员、佥事等职，兼在北京大学、女子师范大学等校授课。1918 年 5 月，首次用“鲁迅”的笔名，发表中国现代文学史上第一篇白话小说《狂人日记》，奠定了新文学运动的基石，后与《药》、《故乡》等小说名篇一同收入小说集《呐喊》。

唐骏

唐骏是中国职业经理人，曾留学日本和美国，有“打工皇帝”之称。

1994 年加入微软公司美国总部，先后担任微软全球技术中心总经理，微软中国公司总裁。唐骏是微软公司历史上唯一两次获得“比尔盖茨杰出奖”，最高荣誉奖的员工，还获得微软公司的杰出管理奖，被微软公司定为未来微软公司的未来领袖之一。

唐骏表示：“在中国，中国的职业经理人还没有被那么的认可，中国的职业经理人还有漫长的道路要走。我希望把中国职业经理人做到极致，我希望真正成为中国职业经理人的一个标杆，这就是我的一个理念，这就是我的事业”。

玛丽·居里

居里夫人是一位法国科学家，她与她的丈夫比埃尔都是放射性元素的早期研究者，他们发现了放射性元素钋和镭，并因此与法国物理学家亨利·贝克勒尔分享了 1903 年的诺贝尔物理学奖。之后，居里夫人继续研究了镭在化学和医学上的应用，并且因分离出纯的金属镭而又获得 1911 年诺贝尔化学奖。

1895 年，居里夫人和比埃尔·居里结婚时，新房里只有两把椅子，正好一人一把。1953 年之后，居里夫人的年薪已增至 4 万法郎，但她照样“吝啬”。她每次从国外回来，总要带回一些宴会上的菜单，因为这些菜单都是很厚很好的纸片，在背面写字很方便。

白居易

白居易，字乐天，号香山居士，又号醉吟先生，河南新郑人，唐代伟大的现实主义诗人，唐代三大诗人之一。白居易与元稹共同倡导新乐府运动，世称“元白”，与刘禹锡并称“刘白”。

白居易初到长安，没有名气。为了给自己创造机会，他毛遂自荐到当时的社会名流顾况之处，却遭到蔑视。但当白居易奉上一首《赋得古原草送别》时，顾况眼前一亮，改变了态度，随即立即召见了他，并大力地推举他，使得白居易很快便在京城声名大噪，站稳了脚跟。

白居易的诗歌题材广泛，形式多样，语言平易通俗，有“诗魔”和“诗王”之称。官至翰林学士、左赞善大夫。有《白氏长庆集》传世，代表诗作有《长恨歌》《卖炭翁》《琵琶行》等。

公孙弘

公孙弘，字季，一字次卿，汉族，西汉淄川国（郡治在寿光南纪台乡）薛人。他起身于乡鄙之间，居然为相，直至今日，人们依然对他推崇备至。尤其他的“非学无以广才，非志无以成学”的精神，已成为历史长卷中最醒目的一章，永垂后世。

公孙弘少时，家贫寒，曾为富人在海边牧豚（放猪）维持生活。年轻时，他曾任过薛县的狱吏，因无学识，常发生过失，故犯罪免职。为此，他在麓台苦读到四十岁，又随老师胡母子始修《公羊春秋》。

建元元年，汉武帝即位，便下诏访求为人贤良通文学之人。当时，公孙弘年已六十，他以贤良的名分去应征，被任命为博士。

田忌

田忌，生卒年不详，妫姓，田氏（亦作陈氏），名忌，字学期，又曰期思，封于徐州（今山东滕州南），故又称徐州子期。战国时期齐国名将。

约为公元前340年，孙膑逃亡到齐国时，田忌赏识孙膑的才能，收为门客。在一次赛马时，孙膑向田忌提出了以下马对上马，以上马对中马，以中马对下马的田忌赛马法。

公元前354年，发生桂陵之战，魏国攻打赵国，齐国派兵相助，田忌为主将，孙膑为参谋，结果孙膑以“围魏救赵”的兵法大胜。

公元前341年，发生马陵之战，魏国攻打韩国，齐国派兵相助，仍由田忌为主将，孙膑为参谋，孙膑仍进军魏都大梁，用“减灶之计”，让魏军大将庞涓轻敌深入，结果庞涓被杀，齐国大胜。同年，被齐相邹忌用反间计陷害，田忌无法澄清，逃亡楚国。直到齐宣王即位，方才重回齐国。

鲁肃

鲁肃，字子敬，汉族，临淮郡东城县（今安徽定远）人，中国东汉末年杰出战略家、外交家。出生于一个士族家庭，幼年丧父，由祖母抚养长大。他体貌魁伟，性格豪爽，喜读书、好骑射。

东汉末年，他眼见朝廷昏庸，官吏腐败，社会动荡，常召集乡里青少年练兵习武。他还仗义疏财，深得乡人敬慕。当时，周瑜为居巢长，因缺粮向鲁肃求助，鲁肃将一仓三千斛粮食慷慨赠给周瑜。从此，二人结为好友，共谋大事。

建安二年，鲁肃率领部属投奔孙权，为其提出鼎足江东的战略规划，因此得到孙权的赏识。建安十三年，曹操率大军南下。孙权部下多主降，而鲁肃与周瑜力排众议，坚决主战。结果，孙、刘联军大败曹军于赤壁，从此，奠定了三国鼎立格局。

李白

李白，字太白，号青莲居士，汉族，祖籍陇西成纪（今甘肃天水秦安县），出生于碎叶城（唐代属安西都护府，在今吉尔吉斯斯坦共和国境内）。唐代伟大的浪漫主义诗人，被后人誉为“诗仙”。

他一生喜好云游四方，二十五岁时只身出蜀，开始了广泛漫游生活。南到洞庭湘江，东至越州（会稽郡），寓居在安陆、应山。直到天宝元年，李白被召至长安，供奉翰林，后因不能见容于权贵，在京仅两年半，就赐金放还而去。然后由高天师如贵道士授录济南（今山东省济南市）的道观紫极宫，成为一个真正的道士，过着飘荡四方的漫游生活。

李白存世诗文千余篇，有《李太白集》传世。762 年病逝于今安徽省马鞍山市境内，享年 61 岁。

孟子

孟子，名轲，字子舆，汉族，东周邹国（今山东省邹城市）人，战国时期伟大的思想家、教育家、政治家、哲学家。儒家学派的主要代表人物之一。

孟子相传为鲁国姬姓贵族孟孙氏孟共仲（孟恭仲）公子庆父的后裔。父名激，母仉氏。孟子继承并发展了孔子的思想，但较之孔子的思想，他又加入自己对儒术的理解，有些思想也较为偏激。加封为“亚圣公”，被后世尊称为亚圣。

他提倡仁政，提出“民贵君轻”的民本思想，游历于齐、宋、滕、魏、鲁等诸国，希望追随孔子推行自己的政治主张，前后历时二十多年。但孟子的仁政学说被认为是“迂远而阔于事情”，而没有得到实行。最后他退居讲学，和他的学生一起，“序《诗》《书》述仲尼之意，作《孟子》七篇”。

爱德华八世

爱德华八世，曾经是英国国王，全名爱德华·阿尔伯特·克里斯蒂安·乔治·安德鲁·帕特里克·戴维，伊丽莎白女王二世的大伯。

他出生于萨里里士满的帕拉底欧式白色木屋。其父为约克公爵乔治王子殿下（后来的乔治五世），其母为约克公爵夫人（后来的玛丽王后）。

作为维多利亚女王的长曾孙，出生时，爱德华已得约克的爱德华王子殿下的名衔。他的家人称呼他全名最后的“戴维”。自 1936 年 1 月 20 日其父驾崩至 1936 年 12 月 11 日主动让位，他当了不到一年的英国国王。爱德华是唯一一个自愿退位的英国君主。

心灵修养用语微解

宽容：即允许别人自由行动或判断；耐心而毫无偏见地容忍与自己的观点或公认的观点不一致的意见《不列颠百科全书》。宽大有气量，不计较或不追究《现代汉语词典》。

释然：就是当我们有疑虑、嫌隙等消失后心中平静的样子，愉快的样子显现的意蕴。不仅在我们日常言语中常出现，在古代文言诗句中出现的比例也较高，常被利用表达其感受。

豁达：指心胸开阔，性格开朗，能容人容事。豁达是一种大度和宽容，豁达是一种品格和美德，豁达是一种乐观的豪爽，豁达是一种博大的胸怀、洒脱的态度，也是人生中最高的境界之一。

超脱：指一个人不受传统的约束，敢于追求自我价值。超越常规的思想，解脱通俗的束缚。道家：缘来不拒，缘走不留，顺其自然。有血有肉也有骨，流血流汗也流泪，有喜有情也有恨，万事万物不过自然而然。

施恩：给人以恩惠。曹植《求通亲亲表》："诚可谓恕己治人，推惠施恩者矣。"《左传·昭公六年》"民知有辟则不忌於上"。鲁迅《坟·我们现在怎样做父亲》："一个村妇哺乳婴儿的时候，决不想到自己正在施恩。"

放弃：1. 流放；贬黜。2. 弃置；抛弃。近义词：舍弃，抛弃，丢弃。反义词：把握，坚持，胜利。《楚辞·刘向〈九叹·思古〉》："操绳墨而放弃兮，倾容幸而侍侧。"《史记·乐书》："放弃《诗》《书》，极意声色，祖伊 所以惧也。

潇洒：道家哲学境界。总体是指行为自然大方，不呆板，不拘束，多用来形容神态和容貌，也指举止。潇洒是一种境界，潇洒不只是言行举止的超然神采风度翩翩，而是自然、独具风韵的境界；潇洒是坦诚、是率真，更是是对待生命诚挚的态度。

取舍：指采取和舍弃；选择。《汉书·贾谊传》：“为人主计者，莫如先审取舍，取舍之极定于内，而安危之萌应于外矣。”指言行止。《汉书·王吉传》：“世称王阳在位，贡公弹冠。言其取舍同也。”颜师古注：“弹冠者，言入仕也。取，进趣也；舍，止息也。”

随缘：道教佛教语。谓道佛应众生之缘而施教化。缘，指身心对外界的感触；顺应机缘，任其自然。道德经中道法自然也有此意思；机缘和缘分都是自然而来的，不可强求，因此，顺其自然，静待时机；意义所在：随缘不是得过且过，因循苟且，而是尽人事、听天命。

乐观：善于观察。《史记·货殖列传》：“当魏文侯时，李克务尽地力，而白圭乐观时变，故人弃我取，人取我与。”喜欢观看。唐韩愈《送王秀才序》：“自孔子没，羣弟子莫不有书，独孟轲氏之传得其宗，故吾少而乐观焉。”精神愉快，对事物的发展充满信心。与“悲观”相对。苏曼殊《碎簪记》：“念天地之悠悠，惟有强颜欢笑，情郁于中，而外貌矫为乐观。”

自信：是指自己相信自己。自信对我们的生活非常的重要，我们的事业、我们的爱情、我们的生活、我们的工作，不管是哪一个领域，自信都是无比重要的。自信给人以力量，给人以快乐。正是有了自信，人们才充满了睿智，你和我的心中才升腾起无尽的希望。人们只有自信才能让自己的人生之花开得更茂盛 更灿烂。只有自信才能让生活处处是舞台，让人生越过越精彩。